AF362391

f228

MÉMOIRE

SUR

LES INTÉGRALES DÉFINIES,

PRISES ENTRE DES LIMITES IMAGINAIRES;

Par M. Augustin-Louis CAUCHY,

Ingénieur en chef des Ponts et Chaussées, Professeur à l'École royale Polytechnique, Professeur adjoint à la Faculté des Sciences, Membre de l'Académie des Sciences, Chevalier de la Légion d'Honneur.

A PARIS,

CHEZ DE BURE FRÈRES, LIBRAIRES DU ROI ET DE LA BIBLIOTHÈQUE DU ROI,
Rue Serpente, n° 7.

Août 1825.

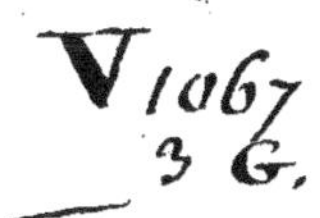
V 1067
3 G.

MÉMOIRE

SUR

LES INTÉGRALES DÉFINIES,

PRISES ENTRE DES LIMITES IMAGINAIRES;

PAR M. AUGUSTIN-LOUIS CAUCHY.

§ 1. Dans un Mémoire présenté à l'Académie des Sciences le 28 octobre 1822, ainsi que dans le 19ᵉ cahier du Journal de l'École royale polytechnique, et dans le résumé des leçons données à cette école, j'ai fait voir comment on pouvait parvenir à fixer, dans tous les cas possibles, le sens que l'on doit attacher à la notation

$$\int_{x_0}^{X} f(x)\, dx$$

destinée à représenter une intégrale définie, prise entre des limites réelles x_0, X, quelle que fût d'ailleurs la fonction réelle ou imaginaire, désignée par $f(x)$. J'ai prouvé qu'une intégrale de cette espèce, lorsque la fonction $f(x)$ devient infinie entre les limites de l'intégration, est en général indéterminée, en sorte qu'elle admet une infinité de valeurs, parmi lesquelles il en existe une qui mérite une attention particulière, et que j'ai nommée *valeur principale*. Enfin, j'ai montré que la considération des valeurs principales des intégrales indéterminées, jointe à la théorie des *intégrales singulières* que j'avais exposée pour la première fois dans un Mémoire de 1814, suffisait pour établir une multitude de formules générales, à l'aide desquelles

1.

on pouvait évaluer ou du moins transformer les intégrales définies. Je me propose aujourd'hui d'appliquer les principes qui m'ont guidé dans ces recherches, aux intégrales prises entre des limites imaginaires. On sait que l'emploi de ces dernières intégrales a conduit M. Laplace à des résultats dignes de remarque. Dans ces derniers temps, M. Brisson nous a dit s'être servi avec succès de ces mêmes intégrales et de leur transformation en intégrales définies ordinaires, pour développer des fonctions données en séries composées de termes proportionnels à des exponentielles dont les exposants suivent des lois connues. Enfin, un jeune Russe, doué de beaucoup de sagacité, et très versé dans l'analyse infinitésimale, M. Ostrogradsky, ayant aussi recours à l'emploi de ces intégrales, et à leur transformation en intégrales ordinaires, a donné une démonstration nouvelle des formules que j'ai précédemment rappelées, et généralisé d'autres formules que j'avais présentées dans le dix-neuvième cahier du Journal de l'Ecole royale polytechnique. M. Ostrogradsky a bien voulu nous faire part des résultats principaux de son travail. Mais ni ce travail, ni aucun des Mémoires publiés jusqu'à ce jour, sur les diverses branches du calcul intégral, n'ont fixé le dégré de généralité que comporte une intégrale définie, prise entre des limites imaginaires, et le nombre des valeurs qu'elle peut admettre. Telle est la question qui va faire l'objet de nos recherches. On verra que sa solution dépend du calcul des variations, et de la théorie des intégrales singulières, et qu'elle fournit immédiatement un grand nombre de formules propres, soit à l'évaluation, soit à la transformation des intégrales définies. Ces formules comprennent, comme cas particuliers, celles que j'ai déjà mentionnées, et celles que quelques géomètres ont obtenues depuis peu par d'autres voies.

§ 2. Pour fixer généralement le sens de la notation

$$(1) \qquad \int_{x_0}^{X} f(x)\, dx.$$

(3)

x_0, X désignant des limites réelles, et $f(x)$ une fonction réelle ou imaginaire de la variable x, il suffit de considérer l'intégrale définie représentée par cette notation, comme équivalente à la limite ou à l'une des limites vers lesquelles converge la somme

$$(2) \quad (x_1 - x_0) f(x_0) + (x_2 - x_1) f(x_1) + \cdots + (X - x_{n-1}) f(x_{n-1})$$

lorsque les éléments de la différence $X - x_0$ savoir,

$$(3) \quad x_1 - x_0, \quad x_2 - x_1, \quad \ldots X - x_{n-1},$$

étant des quantités affectées du même signe que cette différence, reçoivent des valeurs numériques de plus en plus petites. Donc, pour embrasser dans la même définition les intégrales prises entre des limites réelles, et les intégrales prises entre des limites imaginaires, il convient de représenter par la notation

$$(4) \quad \int_{x_0 + y_0 \sqrt{-1}}^{X + Y \sqrt{-1}} f(z)\, dz$$

la limite ou l'une des limites vers lesquelles converge la somme des produits de la forme

$$(5) \quad \left\{ \begin{array}{l} [(x_1 - x_0) + (y_1 - y_0)\sqrt{-1}] f(x_0 + y_0 \sqrt{-1}), \\ [(x_2 - x_1) + (y_2 - y_1)\sqrt{-1}] f(x_1 + y_1 \sqrt{-1}), \\ \text{etc.} \\ [(X - x_{n-1}) + (Y - y_{n-1})\sqrt{-1}] f(x_{n-1} + y_{n-1} \sqrt{-1}), \end{array} \right.$$

lorsque, chacune des deux suites

$$(6) \quad \left\{ \begin{array}{l} x_0, \ x_1, \ x_2 \ \ldots x_{n-1}, \ X, \\ y_0, \ y_1, \ y_2 \ \ldots y_{n-1}, \ Y, \end{array} \right.$$

étant composée de termes qui aillent toujours en croissant ou en décroissant depuis le premier jusqu'au dernier, ces mêmes termes se rapprochent indéfiniment les uns des autres, et que leur nombre croît de plus en plus. Pour obtenir deux suites de cette espèce, il suffit de supposer

$$(7) \qquad x = \varphi(t), \quad y = \chi(t),$$

$\varphi(t)$, $\chi(t)$, étant deux fonctions continues d'une nouvelle variable t, toujours croissantes ou décroissantes depuis $t = t_0$ jusqu'à $t = T$, et assujetties à vérifier les conditions

$$(8) \qquad \begin{cases} \varphi(t_0) = x_0, \quad \chi(t_0) = y_0, \\ \varphi(T) = X, \quad \chi(t) = Y; \end{cases}$$

puis de représenter par

$$x_0, \, x_1, x_2 \, \ldots \, x_{n-1}, X,$$

$$y_0, y_1, y_2 \, \ldots \, y_{n-1}, Y,$$

les valeurs de x et de y correspondantes à des valeurs de t, qui composent une série croissante ou décroissante et de la forme

$$(9) \qquad t_0, \, t_1, \, t_2 \, \ldots \, t_{n-1}, \, T.$$

Admettons cette hypothèse, et désignons par $A + B \sqrt{-1}$ la valeur correspondante de l'intégrale (4) : on aura, à très peu près,

$$(10) \quad \begin{cases} x_1 - x_0 = (t_1 - t_0)\varphi'(t_0), x_2 - x_1 = (t_2 - t_1)\varphi'(t_1), \ldots X - x_{n-1} = (T - t_{n-1})\varphi'(t_{n-1}), \\ y_1 - y_0 = (t_1 - t_0)\chi'(t_0), y_2 - y_1 = (t_2 - t_1)\chi'(t_1), \ldots Y - y_{n-1} = (T - t_{n-1})\chi'(t_{n-1}), \end{cases}$$

et par conséquent l'expression imaginaire $A + B\sqrt{-1}$ sera sensiblement égale, en vertu des principes ci-dessus établis, à la somme des produits

$$(11) \quad \begin{cases} (t_1 - t_0)[\varphi'(t_0) + \sqrt{-1}\,\chi'(t_0)]f[\varphi(t_0) + \sqrt{-1}\,\chi(t_0)], \\ (t_2 - t_1)[\varphi'(t_1) + \sqrt{-1}\,\chi'(t_1)]f[\varphi(t_1) + \sqrt{-1}\,\chi(t_1)], \\ \text{etc.} \\ (T - t_{n-1})[\varphi'(t_{n-1}) + \sqrt{-1}\,\chi'(t_{n-1})]f[\varphi(t_{n-1}) + \sqrt{-1}\,\chi(t_{n-1})], \end{cases}$$

$$(5)$$

ou, ce qui revient au même, à l'intégrale définie

$$\int_{t_0}^{T} [\varphi'(t) + \sqrt{-1}\,\chi'(t)] f[\varphi(t) + \sqrt{-1}\,\chi(t)]\,dt.$$

On aura donc

$$(12) \quad A + B\sqrt{-1} = \int_{t_0}^{T} [\varphi'(t) + \sqrt{-1}\,\chi'(t)] f[\varphi(t) + \sqrt{-1}\,\chi(t)]\,dt\,;$$

et, si l'on fait, pour abréger,

$$(13) \qquad\qquad \varphi'(t) = x', \qquad \chi'(t) = y',$$

on trouvera simplement

$$(14) \quad A + B\sqrt{-1} = \int_{t_0}^{T} (x' + y'\sqrt{-1}) f(x + y\sqrt{-1})\,dt.$$

§ 3. Concevons maintenant que la fonction $f(x + y\sqrt{-1})$ reste finie et continue, toutes les fois que x reste comprise entre les limites x_0, X, et y entre les limites y_0, Y. Dans ce cas particulier, on prouvera facilement que *la valeur de l'intégrale* (4), c'est-à-dire, l'expression imaginaire $A + B\sqrt{-1}$, *est indépendante de la nature des fonctions*

$$x = \varphi(t), \qquad y = \chi(t).$$

En effet, si l'on attribue à ces fonctions des accroissements infiniment petits et de la forme

$$(15) \qquad\qquad \epsilon\,u, \qquad \epsilon\,v,$$

ϵ désignant un nombre que l'on supposera infiniment petit du premier ordre, et u, v deux fonctions nouvelles de la variable t, qui devront s'évanouir pour les deux limites $t = t_0$, $t = T$ l'intégrale (12) ou (14) recevra un accroissement correspondant que l'on pourra développer suivant les puissances ascendantes de ϵ, de manière à obtenir une série dans laquelle le terme infiniment petit du premier ordre sera le produit de ϵ^{ι} par l'intégrale

$$(16) \quad \int_{t_0}^{T} \{(u+v\sqrt{-1})(x'+y'\sqrt{-1})f'(x+y\sqrt{-1})+(u'+v'\sqrt{-1})f(x+y\sqrt{-1})\}\,dt.$$

Or, comme on trouvera, en intégrant par parties,

$$\int_{t_0}^{T}(u'+v'\sqrt{-1})f(x+y\sqrt{-1})dt = -\int_{t_0}^{T}(u+v\sqrt{-1})(x'+y'\sqrt{-1})f(x+y\sqrt{-1})\,dt,$$

il est clair que l'intégrale (16) se réduira d'elle-même à zéro, et l'accroissement de $A+B\sqrt{-1}$, a un infiniment petit du second ordre, ou d'un ordre plus élevé. Il est aisé d'en conclure que, si chacune des fonctions x, y, reçoit successivement des accroissements infiniment petits du premier ordre dont la somme présente un accroissement fini, l'accroissement correspondant de $A+B\sqrt{-1}$ sera infiniment petit du premier ordre, c'est-à-dire nul. On peut remarquer d'ailleurs que l'intégrale (16) n'est autre chose que la variation totale de l'intégrale (14) par rapport aux variables x, y, considérées comme des fonctions inconnues de t. Si, en adoptant les notations de Lagrange, on posait

$$(17) \qquad u = \delta x, \qquad v = \delta y,$$

l'intégrale (16) se présenterait sous la forme

$$(18) \quad \left\{ \begin{aligned} & \int_{t_0}^{T}[(x'+y'\sqrt{-1})\,\delta f(x+y\sqrt{-1})+f(x+y\sqrt{-1})\,\delta(x'+y'\sqrt{-1})]\,dt \\ & = \delta \int_{t_0}^{T}(x'+y'\sqrt{-1})f(x+y\sqrt{-1})dt. \end{aligned} \right.$$

Ainsi la démonstration du principe ci-dessus énoncé repose sur cette seule observation que la variation de l'intégrale (14) est nulle, ce qu'on pouvait prévoir, d'après les principes du calcul des variations, attendu que la fonction sous le signe $\int$ se réduit, dans cette intégrale, à une différentielle exacte.

✗ § 4. Supposons maintenant que la fonction $f(x + y\sqrt{-1})$ devienne infinie pour le système des valeurs

$$x = a, \qquad y = b,$$

correspondantes à la valeur

$$t = \tau$$

de la variable t; $z = a + b\sqrt{-1}$ sera une racine de l'équation

$$(19) \qquad \frac{1}{f(z)} = 0.$$

Désignons d'ailleurs par f la limite vers laquelle converge le produit

$$[x - a + (y - b)\sqrt{-1})\, f(x + y\sqrt{-1}) ,$$

tandis que x converge vers la limite a, et y vers la limite b; et soit toujours ε un nombre infiniment petit : on aura, sans erreur sensible,

$$(20) \qquad f = \varepsilon f(a + b\sqrt{-1} + \varepsilon)$$

Si, de plus, on nomme $A' + B'\sqrt{-1}$ ce que devient $A + B\sqrt{-1}$, quand les variables x, y, reçoivent les accroissements infiniment petits εu, εv, on aura encore

$$(21) \qquad A' + B'\sqrt{-1} - (A + B\sqrt{-1})$$

$$= \int_{t_0}^{T} [x' + \varepsilon u' + (y' + \varepsilon v')\sqrt{-1}] f[x + \varepsilon u + (y + \varepsilon v)\sqrt{-1}]\, dt$$

$$- \int_{t_0}^{T} (x' + y'\sqrt{-1})\, f(x + y\sqrt{-1})\, dt.$$

Or, la différence entre les intégrales comprises dans le second membre de l'équation (21), sera toujours sensiblement nulle, excepté lorsque x différera très peu de a, et y de b, c'est-à-dire, lorsque t différera très peu de τ. On pourra donc, sans altérer cette différence, substituer aux limites des deux intégrales d'autres limites très rapprochées de τ, et remplacer, en conséquence, les intégrales dont il s'agit par des intégrales définies singulières. Cela posé, faisons

$$(22) \qquad t = \tau + \varepsilon w.$$

Désignons par

$$\alpha, \ \mathcal{C}, \ \gamma, \ \delta,$$

les valeurs de

$$x', \ y', \ u, \ v,$$

correspondantes à $t = \tau$. Enfin soient λ, μ, deux quantités réelles déterminées par l'équation

$$(23) \qquad \lambda + \mu \sqrt{-1} = \frac{\gamma + \delta \sqrt{-1}}{\alpha + \mathcal{C} \sqrt{-1}},$$

de laquelle on tire

$$(24) \qquad \mu = \frac{\alpha \delta - \mathcal{C} \gamma}{\alpha^2 + \mathcal{C}^2}.$$

On aura sensiblement, pour des valeurs très petites de εw,

$$(x' + y' \sqrt{-1}) f(x + y \sqrt{-1}) = f \frac{x' + y' \sqrt{-1}}{x - a + (y - b) \sqrt{-1}} = \frac{f}{\varepsilon} \cdot \frac{1}{w},$$

$$[x' + \varepsilon u' + (y' + \varepsilon v') \sqrt{-1}] f[x + \varepsilon u + (y + \varepsilon v) \sqrt{-1}] = \frac{f}{\varepsilon} \cdot \frac{1}{w + \lambda + \mu \sqrt{-1}},$$

et, comme, pour renfermer la variable t entre des limites peu différentes de τ, il suffit de renfermer w entre les limites

$$w = -\frac{1}{\sqrt{-1}}, \qquad w = +\frac{1}{\sqrt{-1}},$$

on tirera de l'équation (21)

$$(25)\quad A' + B'\sqrt{-1} - (A + B\sqrt{-1}) = f \int_{-\frac{1}{t\sqrt{t}}}^{\frac{1}{t\sqrt{t}}} \frac{dw}{w+\lambda+\mu\sqrt{-1}} - f \int_{-\frac{1}{\sqrt{t}}}^{\frac{1}{\sqrt{t}}} \frac{dw}{w}.$$

On doit observer que l'intégrale

$$\int_{-\frac{1}{t\sqrt{t}}}^{\frac{1}{\sqrt{t}}} \frac{dw}{w} \; ,$$

dans laquelle la fonction sous le signe $\int$ devient infinie pour $w = o$, est indéterminée; mais, si l'on réduit cette intégrale à sa valeur principale, c'est-à-dire, à zéro, et si l'on pose en outre $\varepsilon = o$, l'on trouvera

$$A' + B'\sqrt{-1} - (A + B\sqrt{-1}) = -f\sqrt{-1} \int_{-\infty}^{\infty} \frac{\mu\, dw}{(w+\lambda)^2 + \mu^2} \; ,$$

ou, ce qui revient au même,

$$(26)\qquad A' + B'\sqrt{-1} - (A + B\sqrt{-1}) = \mp \pi f.\sqrt{-1}.$$

Dans cette dernière formule, le signe supérieur ou inférieur devra être préféré, suivant que la quantité μ, et la différence

$$\alpha\delta - \varepsilon\gamma,$$

seront des quantités positives ou négatives, c'est-à-dire, en d'autres termes, suivant que l'expression

$$(27)\qquad\qquad x'v - y'u = x'\delta y - y'\delta x$$

obtiendra une valeur positive ou négative en vertu de la supposition particulière $t = \tau$. Donc, si les accroissements des fonctions x, y, savoir, εu, εv, viennent à changer de signe, le second membre de l'équation (26) en changera lui-même; et si l'on nomme $A'' + B''\sqrt{-1}$ l'expression imaginaire qui remplacera dans cette hypothèse $A' + B'\sqrt{-1}$, on aura

$$(28)\qquad A'' + B''\sqrt{-1} - (A + B\sqrt{-1}) = \pm \pi f.\sqrt{-1},$$

Ajoutons que, dans les formules (26) et (28), $A + B \sqrt{-1}$ désigne, non pas la valeur générale de l'intégrale (14), qui, en vertu de l'hypothèse admise, est indéterminée, mais sa valeur principale (Voyez *le Résumé des leçons données à l'école Royale polytechnique*).

Si l'on combine l'équation (28) avec l'équation (26), on obtiendra la suivante

$$(29) \qquad A'' + B'' \sqrt{-1} - (A' + B' \sqrt{-1}) = \pm 2 \pi f . \sqrt{-1},$$

dans laquelle $A' + B' \sqrt{-1}$, $A'' + B'' \sqrt{-1}$, représentent deux intégrales complètement déterminées.

§ 5. La formule (26), que nous avons déduite de la considération des intégrales singulières, peut encore être établie par une autre méthode que nous allons indiquer. Supposons

$$(30) \qquad f(z) = \frac{f}{z - a - b\sqrt{-1}} + \varpi(z),$$

et concevons de plus que la fonction

$$(31) \qquad \varpi(z) = \frac{(z - a - b\sqrt{-1}) f(z) - f}{z - a - b\sqrt{-1}},$$

représentée par une fraction dont les deux termes s'évanouissent en vertu de l'hypothèse $z = a + b\sqrt{-1}$, ne devienne point alors infinie : on tirera des équations (21) et (30)

$$(32) \qquad A' + B' \sqrt{-1} - (A + B\sqrt{-1}) =$$

$$f \int_{t_0}^{T} \left\{ \frac{x' + \varepsilon u' + (y' + \varepsilon v')\sqrt{-1}}{x - a + \varepsilon u + (y - b + \varepsilon v)\sqrt{-1}} - \frac{x' + y'\sqrt{-1}}{x - a + (y - b)\sqrt{-1}} \right\} dt$$

$$+ f \int_{t_0}^{T} \left\{ [x' + \varepsilon u' + (y' + \varepsilon v')\sqrt{-1}] \varepsilon [x + \varepsilon u + (y + \varepsilon v)\sqrt{-1}] - (x' + y'\sqrt{-1}) \varepsilon (x + y\sqrt{-1}) \right\} dt.$$

Or, la fonction $\varpi(z)$ conservant une valeur finie, lors même qu'on suppose $z = a + b\sqrt{-1}$, les deux intégrales

$$(33) \begin{cases} \int_{t_0}^{T} [x' + \varepsilon u' + (y' + \varepsilon v')\sqrt{-1}]\, \varpi\, [x + \varepsilon u + (y + \varepsilon v)\sqrt{-1}]\, dt, \\ \int_{t_0}^{T} (x' + y'\sqrt{-1})\, \varpi\, (x + y\sqrt{-1})\, dt, \end{cases}$$

seront équivalentes entres elles, puisqu'elles représenteront la valeur unique de l'intégrale

$$\int_{x_0 + y_0 \sqrt{-1}}^{X + Y\sqrt{-1}} \varpi\, (z)\, dz.$$

D'autre part, il est facile de s'assurer que l'intégrale

$$(34) \int \left\{ \frac{x' + \varepsilon u' + (y' + \varepsilon v')\sqrt{-1}}{x - a + \varepsilon u + (y - b + \varepsilon v)\sqrt{-1}} - \frac{x' + y'\sqrt{-1}}{x - a + (y - b)\sqrt{-1}} \right\} dt =$$
$$\tfrac{1}{2}\, l\, [(x - a + \varepsilon u)^2 + (y - b + \varepsilon v)^2] - \tfrac{1}{2}\, l\, [(x - a)^2 + (y - b)^2]$$
$$+ \left\{ \text{Arc tang.}\ \frac{y - b + \varepsilon v}{x - a + \varepsilon u} - \text{Arc tang.}\ \frac{y - b}{x - a} \right\} \sqrt{-1} + \text{Const.},$$

étant prise entre les limites $t = t_0$, $t = T$, et réduite à sa valeur principale, sera équivalente au produit

$$\mp \pi \sqrt{-1}.$$

En effet, puisque les fonctions u et v s'évanouissent à ces deux limites, la partie réelle de l'intégrale (34), savoir :

$$\tfrac{1}{2}\, l\, \left\{ \frac{(x - a + \varepsilon u)^2 + (y - b + \varepsilon v)^2}{(x - a)^2 + (y - b)^2} \right\}$$

se réduira, pour l'une et l'autre limite, à $\tfrac{1}{2} l\,(1) = 0$. Quant au coefficient de $\sqrt{-1}$ dans l'intégrale (34), il peut être présenté sous la forme

$$\text{Arc tang.}\ \left\{ \varepsilon\, \frac{(x - a)\, v - (y - b)\, u}{(x - a)(x - a + \varepsilon u) + (y - b)(y - b + \varepsilon v)} \right\}$$

Or, il est aisé de voir que ce coefficient produira un terme de la forme $\mp \tfrac{\pi}{2}\sqrt{-1}$ dans l'intégrale (34) prise entre les limites $t = t_0$, $t = \tau$, et un second terme de la forme $\mp \tfrac{\pi}{2}\sqrt{-1}$, dans la même intégrale prise entre les limites $t = \tau$, $t = T$. La somme de ces deux termes sera $\mp \pi \sqrt{-1}$, et par suite, l'équation (32) se trouvera réduite à la formule (26).

§ 6. Les formules que nous venons d'établir, supposent que la constante, désignée par f, conserve une valeur finie; ce qui n'aurait plus lieu, si l'équation (19) acquerrait plusieurs racines égales à l'expression imaginaire $a + b \sqrt{-1}$. Admettons cette dernière hypothèse, et désignons par m le nombre des racines dont il s'agit. Soient, en outre, $A' + B' \sqrt{-1}$, $A' + B'' \sqrt{-1}$, les deux expressions dans lesquelles se transforme l'intégrale (14), quand les variables x, y, reçoivent, 1° les accroissements infiniment petits εu, εv; 2° les accroissements $- \varepsilon u$, $- \varepsilon v$. Enfin posons, pour abréger,

$$(35) \qquad (z - a - b \sqrt{-1})^m f(z) = \mathrm{f}(z).$$

L'équation (29) devra être remplacée par la suivante

$$(36) \qquad A'' + B'' \sqrt{-1} - (A' + B' \sqrt{-1}) =$$

$$\int_{t_0}^{T} \left\{ x' - \varepsilon u' + (y' - \varepsilon v) \sqrt{-1} \right\} \frac{\mathrm{f}[x - \varepsilon u + (y - \varepsilon v)\sqrt{-1}]}{[x - a - \varepsilon u + (y - b - \varepsilon v)\sqrt{-1}]^m} \, dt$$

$$- \int_{t_2}^{T'} \left\{ x' + \varepsilon u' + (y' + \varepsilon v') \sqrt{-1} \right\} \frac{\mathrm{f}[x + \varepsilon u + (y + \varepsilon v)\sqrt{-1}]}{[x - a + \varepsilon u + (y - b + \varepsilon v)\sqrt{-1}]^m} \, dt$$

Or, la différence entre les intégrales comprises dans le second membre de l'équation (36), sera très petite, excepté dans le cas où la variable x différera très peu de a, et la variable y de b; Dans ce dernier cas, les expressions

$$(37) \quad x - a - \varepsilon u + (y - b - \varepsilon v)\sqrt{-1}, \quad x - a + \varepsilon u + (y - b + \varepsilon v)\sqrt{-1},$$

seront elles-mêmes fort rapprochées de zéro, et si l'on développe les fonctions

$$\mathrm{f}[x - \varepsilon u + (y - \varepsilon v)\sqrt{-1}], \qquad \mathrm{f}[x + \varepsilon u + (y + \varepsilon v)\sqrt{-1}]$$

suivant les puissances ascendantes des expressions dont il s'agit, on pourra, sans craindre qu'il en résulte des erreurs sensibles, supprimer, dans les développements obtenus, les termes qui renfermeront des puissances d'un dégré supérieur à m. Cette seule considération suffit pour évaluer le second membre de l'équation (36). Si, pour plus d'exactitude, on pose

$$(38) \quad f(z) = f(a+b\sqrt{-1}) + \frac{f'(a+b\sqrt{-1})}{1}(z-a-b\sqrt{-1}) + \cdots + \frac{f^{(m-1)}(a+b\sqrt{-1})}{1.2\,3\ldots(m-1)}(z-a-b\sqrt{-1})^{m-1}$$
$$+ (z-a-b\sqrt{-1})^m \, \varpi(z),$$

la fonction $\varpi(z)$ conservera en général une valeur finie, et l'équation (36) donnera

$$(39) \quad A'' + B''\sqrt{-1} - (A' + B'\sqrt{-1}) = s_0\, f(a+b\sqrt{-1})$$
$$+ \frac{s_1}{1} f'(a+b\sqrt{-1}) + \cdots + \frac{s_{m-2}}{1.2.3\ldots(m-2)} f^{(m-2)}(a+b\sqrt{-1}) + \frac{s_{m-1}}{1.2.3\ldots(m-1)} f^{(m-1)}(a+b\sqrt{-1})$$
$$+ \int_{t_0}^{T} \left\{ \begin{array}{l} [x' - \varepsilon u' + (y' - \varepsilon v')\sqrt{-1}]\,\varpi[x - \varepsilon u + (y - \varepsilon v)\sqrt{-1}] \\ - [x' + \varepsilon u' + (y' + \varepsilon v')\sqrt{-1}]\,\varpi[x + \varepsilon u + (y + \varepsilon v)\sqrt{-1}] \end{array} \right\} dt,$$

s_n représentant une intégrale déterminée par la formule

$$(40) \quad s_n = \int_{t_0}^{T} \left\{ \frac{x' - \varepsilon u' + (y' - \varepsilon v')\sqrt{-1}}{[x-a-\varepsilon u + (y-b-\varepsilon v)\sqrt{-1}]^{m-n}} - \frac{x' + \varepsilon u' + (y' + \varepsilon v')\sqrt{-1}}{[x-a+\varepsilon u + (y-b+\varepsilon v)\sqrt{-1}]^{m-n}} \right\} dt$$

Or le dernier terme de la formule (39) s'évanouit, aussi bien que le dernier terme de la formule (32). De plus, l'intégration indiquée dans l'équation (40) peut s'effectuer, et l'intégrale définie, qui en résulte, est toujours nulle, excepté dans le cas où l'on suppose $m - n = 1$, $n = m - 1$, auquel cas on trouve

$$(41) \quad s_{m-1} = \pm\, 2\pi\sqrt{-1}$$

On arrive encore à la même conclusion, en observant que la fonction sous le signe f, dans l'intégrale s_n, n'a de valeur sensible qu'entre des limites de t fort rapprochées de τ, d'où il suit que cette intégrale peut être considérée comme une intégrale singulière. Dailleurs, si l'on fait, comme dans le § 4, $t = \tau + \varepsilon w$, la fonction dont il s'agit, sera sensiblement équivalente, pour de très petites valeurs de εw, au produit

4.

$$(42) \quad \frac{1}{\varepsilon^{m-n}} \left\{ \frac{\alpha + \delta\sqrt{-1}}{\left[(\alpha+\delta\sqrt{-1})w - (\gamma+\delta\sqrt{-1})\right]^{m-n}} - \frac{\alpha+\delta\sqrt{-1}}{\left[(\alpha+\delta\sqrt{-1})w + (\gamma+\delta\sqrt{-1})\right]^{m-n}} \right\}$$

$$= \frac{1}{\varepsilon^{m-n}(\alpha+\delta\sqrt{-1})^{m-n-1}} \left\{ \frac{1}{(w-\lambda-\mu\sqrt{-1})^{m-n}} - \frac{1}{(w+\lambda+\mu\sqrt{-1})^{m-n}} \right\}$$

$$= \frac{1}{(\alpha+\delta\sqrt{-1})^{m-n-1}} \left\{ \frac{1}{\left[t-\tau-\varepsilon(\lambda+\mu\sqrt{-1})\right]^{m-n}} - \frac{1}{\left[t-\tau+\varepsilon(\lambda+\mu\sqrt{-1})\right]^{m-n}} \right\};$$

et, comme, pour des valeurs sensibles de $\varepsilon w = t - \tau$, ce produit se réduit à très-peu près à

$$(43) \quad \frac{1}{(\alpha+\delta\sqrt{-1})^{m-n-1}} \left\{ \frac{1}{(t-\tau)^{m-n}} - \frac{1}{(t-\tau)^{m-n}} \right\},$$

c'est-à-dire, à zéro, nous conclurons que, dans l'équation (40), on peut substituer ce produit à la fonction sous le signe $\int$. On aura donc à très peu près

$$(44) \quad s_n = \frac{1}{(\alpha+\delta\sqrt{-1})^{m-n-1}} \int_{t_0}^{T} \left\{ \frac{1}{\left[t-\tau-\varepsilon(\lambda+\mu\sqrt{-1})\right]^{m-n}} - \frac{1}{\left[t-\tau+\varepsilon(\lambda+\mu\sqrt{-1})\right]^{m-n}} \right\} dt$$

De plus, comme on trouvera généralement, en supposant $m - n > 1$,

$$(45) \quad \int \left\{ \frac{1}{\left[t-\tau-\varepsilon(\lambda+\mu\sqrt{-1})\right]^{m-n}} - \frac{1}{\left[t-\tau+\varepsilon(\lambda+\mu\sqrt{-1})\right]^{m-n}} \right\} dt$$

$$= -\frac{1}{m-n-1} \left\{ \frac{1}{\left[t-\tau-\varepsilon(\lambda+\mu\sqrt{-1})\right]^{m-n-1}} - \frac{1}{\left[t-\tau+\varepsilon(\lambda+\mu\sqrt{-1})\right]^{m-n-1}} \right\} + \text{Const.},$$

et que la fonction de t, comprise dans le second membre de l'équation (45), s'évanouira sensiblement aux deux limites $t = t_0$, $t = \tau$, il est clair que le second membre de l'équation (44) sera nul, pour toutes les valeurs de n inférieures à $m-1$. Si l'on y suppose maintenant $n = m - 1$, on aura simplement

$$(46) \quad s_{m-1} = \int_{t_0}^{T} \left\{ \frac{1}{t-\tau-\varepsilon(\lambda+\mu\sqrt{-1})} - \frac{1}{t-\tau+\varepsilon(\lambda+\mu\sqrt{-1})} \right\} dt$$

$$= \int_{t_0}^{T} \left\{ \frac{t-\tau-\varepsilon\lambda+\varepsilon\mu\sqrt{-1}}{(t-\tau-\varepsilon\lambda)^2+(\varepsilon\mu)^2} - \frac{t-\tau+\varepsilon\lambda-\varepsilon\mu\sqrt{-1}}{(t-\tau+\varepsilon\lambda)^2+(\varepsilon\mu)^2} \right\} dt;$$

Or il est facile de s'assurer 1° que la partie réelle de l'intégrale (46) est sensiblement nulle, 2° que la partie imaginaire, savoir,

$$(47) \quad \sqrt{-1} \int_{t_0}^{T} \left\{ \frac{\varepsilon\mu}{(t-\tau-\varepsilon\lambda)^2 + (\varepsilon\mu)^2} + \frac{\varepsilon\mu}{(t-\tau+\varepsilon\lambda)^2 + (\varepsilon\mu)^2} \right\} dt$$

$$= \sqrt{-1} \int_{-\frac{\tau-t_0}{\varepsilon}}^{\frac{T-\tau}{\varepsilon}} \left\{ \frac{1}{(w-\lambda)^2 + \mu^2} + \frac{1}{(w+\lambda)^2 + \mu^2} \right\} \mu\, dw$$

se réduit à

$$\pm 2\pi \sqrt{-1}.$$

On aura donc

$$s_{m-1} = \pm 2\pi \sqrt{-1};$$

le signe étant déterminé, comme dans la formule (29); et l'équation (39) donnera

$$(48) \quad A'' + B'' \sqrt{-1} - (A' + B' \sqrt{-1}) = \pm 2\pi \frac{f^{(m-1)}(a+b\sqrt{-1})}{1 \cdot 2 \cdot 3 \ldots (m-1)} \sqrt{-1}.$$

Il en résulte que la formule (29) subsistera encore, dans le cas des racines égales, si l'on y suppose la constante f déterminée, non plus par l'équation (20), mais par la suivante

$$(49) \quad f = \frac{f^{(m-1)}(a+b\sqrt{-1})}{1 \cdot 2 \cdot 3 \ldots (m-1)},$$

ou, ce qui revient au même, par l'équation

$$(50) \quad f = \frac{1}{1 \cdot 2 \cdot 3 \ldots (m-1)} \frac{d^{m-1}\left[\varepsilon^m f(a+b\sqrt{-1}+\varepsilon)\right]}{d\varepsilon^{m-1}},$$

ε désignant un nombre infiniment petit, qu'on devra réduire à zéro, après avoir effectué les différentiations.

§ 7. Concevons maintenant que, l'équation (19) ayant des racines égales, on veuille calculer, non plus la différence entre les deux intégrales $A' + B'\sqrt{-1}$, $A'' + B''\sqrt{-1}$, mais la différence qui existe entre la première de ces intégrales et l'intégrale (14). Il faudra évidemment substituer à l'équation (39) une autre équation de la forme

$$(51) \qquad A' + B' \sqrt{-1} - (A + B \sqrt{-1}) =$$

$$s_1\, f(a+b\sqrt{-1}) + \frac{s_1}{1}\, f'(a+b\sqrt{-1}) + \ldots + \frac{s_{m-2}}{1\,.\,2\,.\,3\ldots(m-2)}\, f^{(m-2)}(a+b\sqrt{-1})$$

$$+ \frac{s_{m-1}}{1\,.\,2\,.\,3\ldots(m-1)}\, f^{(m-1)}(a+b\sqrt{-1})$$

$$+ \int_{t_0}^{T} \left\{ [x' + \varepsilon u' + (y' + \varepsilon v')\sqrt{-1}] \bullet [x + \varepsilon u + (y + \varepsilon v)\sqrt{-1}] - (x' + y'\sqrt{-1}) \bullet (x + y\sqrt{-1}) \right\} dt,$$

et dans laquelle s_n représentera une intégrale déterminée par la formule

$$(52) \quad s_n = \int_{t_0}^{T} \left\{ \frac{x' + \varepsilon u' + (y' + \varepsilon v')\sqrt{-1}}{[x - a + \varepsilon u + (y - b + \varepsilon v)\sqrt{-1}]^{m-n}} - \frac{x' + y'\sqrt{-1}}{[x - a + (y - b)\sqrt{-1}]^{m-n}} \right\} dt.$$

De plus, on démontrera, par des raisonnemens semblables à ceux dont nous avons fait usage dans le § 6ᵉ, 1° que le dernier terme de la formule (51) s'évanouit ; 2° que l'équation (52) peut être remplacée par la suivante :

$$(53)\ s_n = \frac{1}{(a + b\sqrt{-1})^{m-n-1}} \left\{ \int_{t_0}^{T} \frac{dt}{[t - \tau + \varepsilon(\lambda + \mu\sqrt{-1})]^{m-n}} - \int_{t_0}^{T} \frac{dt}{(t - \tau)^{m-n}} \right\}.$$

Or, si l'on suppose d'abord $n < m - 1$, on aura

$$\int_{t_0}^{T} \frac{1}{[t - \tau + \varepsilon(\lambda + \mu\sqrt{-1})]^{m-n}} = \frac{-1}{m-n-1} \left\{ \frac{1}{[T - \tau + \varepsilon(\lambda + \mu\sqrt{-1})]^{m-n-1}} - \frac{1}{[t_0 - \tau + \varepsilon(\lambda + \mu\sqrt{-1})]^{m-n-1}} \right\},$$

d'où il résulte que, pour de très-petites valeurs de ε, la première des intégrales comprises dans le second membre de l'équation (53) se réduira sensiblement à

$$(54) \qquad \frac{-1}{m-n-1} \left\{ \frac{1}{(T-\tau)^{m-n-1}} - \frac{1}{(t_0-\tau)^{m-n-1}} \right\}.$$

Quant à la seconde intégrale

$$(55) \qquad \int_{t_0}^{T} \frac{dt}{(t-\tau)^{m-n}},$$

elle sera équivalente à la somme

$$(56) \qquad \int_{t_0}^{\tau} \frac{dt}{(t-\tau)^{m-n}} + \int_{\tau}^{T} \frac{dt}{(t-\tau)^{m-n}},$$

dont les deux parties représenteront des quantités infinies et de même signe, si $m - n$ est un nombre pair, et des quantités infinies, mais de signes contraires, si $m - n$ est un nombre impair. Par conséquent l'intégrale (55), et la valeur de s_n, deviendront infinies dans le premier cas, indéterminées dans le second. De plus, comme la valeur principale de l'intégrale (55) sera sensiblement égale à

$$\int_{t_0}^{\tau-\iota} \frac{dt}{(t-\tau)^{m-n}} + \int_{\tau+\iota}^{T} \frac{dt}{(t-\tau)^{m-n}}$$

$$= \frac{-1}{m-n-1} \left\{ \frac{1}{(T-\tau)^{m-n-1}} - \frac{1}{(t_0-\tau)^{m-n-1}} - \frac{1}{\iota^{m-n-1}} + \frac{1}{(-\iota)^{m-n-1}} \right\},$$

on voit que, dans le premier cas, cette valeur principale différera très-peu de la fraction

$$(57) \qquad \frac{2}{(m-n-1)\, \iota^{m-n-1}},$$

tandis que, dans le second cas, la même valeur sera égale au produit (54), et la valeur correspondante de s_n à zéro. Enfin, si l'on suppose $n = m - 1$, et que l'on réduise toujours l'intégrale (55) à sa valeur principale, on trouvera

$$(58) \qquad s_{m-1} = \mp \pi \sqrt{-1},$$

le signe — ou $+$ devant être préféré suivant que la quantité μ sera positive ou négative. Il résulte de tous ces calculs, 1° que la valeur de la différence $A' + B' \sqrt{-1} - (A + B \sqrt{-1})$ sera infinie, à moins que la nature de la fonction $f(x+y\sqrt{-1})$ ne fasse disparaître, dans le second membre de la formule (51), tous les termes dans lesquels l'indice n de la lettre s sera équivalent à l'un des nombres

$$m - 2, \quad m - 4, \quad m - 6, \ldots -$$

c'est-à-dire, à moins que l'on n'ait

$$(59)\quad f^{(m-2)}(a+b\sqrt{-1}) = 0,\quad f^{(m-4)}(a+b\sqrt{-1}) = 0,\quad f^{(m-6)}(a+b\sqrt{-1}) = 0, \text{etc.};$$

$2°$ que, si les conditions (59) sont remplies, on aura

$$(60)\quad A'+B'\sqrt{-1} - (A+B\sqrt{-1}) = \mp \pi \frac{f^{(m-1)}(a+b\sqrt{-1})}{1.2.3\ldots(m-1)}\sqrt{-1},$$

pourvu que l'on représente par $A+B\sqrt{-1}$, non pas la valeur générale de l'intégrale (14), qui, en vertu de l'hypothèse admise, sera indéterminée, mais sa valeur principale. Ajoutons que, pour déduire l'équation (60) de l'équation (26), il suffit de supposer, dans cette dernière, la constante f, déterminée, non plus par la formule (20), mais par la formule (49) ou (50).

§ 8ᵉ. Si la fraction $f(x+y\sqrt{-1})$ devenait infinie pour plusieurs systèmes de valeurs des variables $x = \varphi(t)$ et $y = \chi(t)$, compris entre les limites $x = x_0$, $x = X$, $y = y_0$, $y = Y$; les valeurs correspondantes de $z = x+y\sqrt{-1}$ seraient autant de racines de l'équation (19). Appellons z_1, $z_2\ldots$ ces racines, et f_1, $f_2\ldots$ les valeurs correspondantes de la constante f, déterminée par l'équation (20) ou par l'équation (49). En raisonnant comme dans les paragraphes 4 et 6, on établira évidemment, non la formule (29), mais la suivante

$$(61)\quad A''+B''\sqrt{-1} - (A'+B'\sqrt{-1}) = \pm 2\pi f_1 \cdot \sqrt{-1} \pm 2\pi f_2 \cdot \sqrt{-1} \pm \ldots.$$

De plus, la valeur générale de l'intégrale (14) sera indéterminée, si l'équation (19) n'a que des racines simples, ou des racines égales, mais pour chacune desquelles des conditions semblables aux conditions (59) soient vérifiées; et, si, dans l'une ou l'autre hypothèse, on réduit l'intégrale dont il s'agit à sa valeur principale, on trouvera, en désignant cette valeur par $A + B \sqrt{-1}$,

$$(62) \qquad A' + B' \sqrt{-1} - (A + B \sqrt{-1}) = \mp \pi \, \mathrm{f}, \sqrt{-1} \mp \pi \, \mathrm{f}, \sqrt{-1} \mp \cdots$$

Enfin, si, l'équation (19) ayant des racines égales, les conditions (59) n'étaient point vérifiées pour ces mêmes racines, la valeur générale et la valeur principale de l'intégrale (14) deviendraient infinies, et l'on devrait en dire autant de la différence

$$A' + B' \sqrt{-1} - (A + B \sqrt{-1}).$$

C'est ce qui arrivera en particulier toutes les fois que l'équation (19) aura des racines égales en nombre pair. Concevons en effet que, m désignant un nombre pair, l'équation (19) admette m racines égales à l'expression imaginaire $a + b \sqrt{-1}$. Alors, si l'on détermine la fonction $\mathrm{f}(z)$ par le moyen de la formule (35), la constante $\mathrm{f}(a + b \sqrt{-1})$ aura nécessairement une valeur différente de zéro, et par conséquent la dernière des conditions (59), savoir :

$$\mathrm{f}(a + b \sqrt{-1}) = 0,$$

ne pourra être vérifiée. Pour confirmer le principe ci-dessus énoncé par un exemple, considérons l'intégrale imaginaire

$$(63) \qquad \int_{-1 - \sqrt{-1}}^{1 + \sqrt{-1}} \frac{dz}{z^2 (1 + z^2)},$$

dans laquelle $f\left(z = \dfrac{1}{z^2 (1 + z^2)}\right)$, et désignons par $A + B \sqrt{-1}$ la valeur qu'on obtient pour cette intégrale en posant

$$z = 1 + 1 \sqrt{-1}.$$

Dans ce cas, l'équation (19) étant réduite à

$$z^3 (1 + z^2) = 0,$$

deux racines de cette équation deviendront égales à zéro, et correspondront à une valeur nulle de t. On aura d'ailleurs évidemment

$$(64) \qquad A + B \sqrt{-1} = \frac{1}{1 + \sqrt{-1}} \int_{-1}^{1} \frac{dt}{t^2 (1 + 2t^2 \sqrt{-1})}$$

$$= \frac{1}{1 + \sqrt{-1}} \left\{ \int_{-1}^{1} \frac{dt}{t^2} - \int_{-1}^{1} \frac{2\sqrt{-1}\, dt}{1 + 2t^2 \sqrt{-1}} \right\}.$$

Or, des deux intégrales comprises dans le dernier membre de la formule (64), la première, savoir

$$\int_{-1}^{1} \frac{dt}{t^2}$$

est équivalente à la somme des deux suivantes :

$$\int_{-1}^{0} \frac{dt}{t^2} = \infty, \qquad \int_{0}^{1} \frac{dt}{t^2} = \infty,$$

et par conséquent elle a une valeur infinie positive. Donc l'intégrale (64) aura elle-même une valeur infinie.

§ 9. Si, entre les équations (7), on élimine t, on en obtiendra une autre de la forme

$$(65) \qquad F(x, y) = 0;$$

et, si l'on suppose que x et y représentent des coordonnées rectangulaires, l'équation (65) représentera une courbe tracée dans le plan des x, y, entre les deux points (x_0, y_0), (X, Y).[*]

---

[*] Pour abréger, nous indiquons les points à l'aide de leurs coordonnées renfermées entre parenthèses, et les lignes droites ou courbes à l'aide de leurs équations.

Concevons en outre que les fonctions $x = \varphi(t)$, $y = \chi(t)$ vérifient les conditions énoncées dans le § 2, c'est-à-dire qu'elles croissent ou décroissent l'une et l'autre depuis $t = t_0$, jusqu'à $t = T$. Dans cette hypothèse, la valeur de y tirée de l'équation (65), et déterminée en fonction de x, croîtra ou décroîtra généralement depuis $x = x_0$ jusqu'à $x = X$, et la courbe (65) sera comprise dans un rectangle formé par quatre droites parallèles aux axes, savoir celles qui ont pour équations

$$(66) \qquad \begin{cases} x = x_0, \quad x = X, \\ y = y_0, \quad y = Y. \end{cases}$$

Cela posé, chaque forme particulière de la fonction $F(x, y)$ fournira une courbe particulière et une valeur correspondante de l'intégrale (4). On doit même observer que cette fonction peut changer de nature, tandis que x varie, et qu'en conséquence la courbe $F(x, y) = 0$ peut se transformer en un système de lignes droites ou courbes, qui parte du point (x_0, y_0) pour aboutir au point (X, Y). Alors, à chacune des lignes dont il s'agit, correspond une intégrale semblable à l'intégrale (14), mais dans laquelle les valeurs extrêmes de x et de y représentent les coordonnées des deux extrémités de cette ligne. Si l'on veut qu'une des lignes en question se réduise à une droite menée du point (ξ_0, η_0) au point (ξ, η), il suffira, pour obtenir l'intégrale correspondante, d'assujettir x et y, considérées comme fonctions de t, à vérifier l'équation

$$(68) \qquad \frac{x - \xi_0}{\xi - \xi_0} = \frac{y - \eta_0}{\eta - \eta_0},$$

puis d'intégrer, par rapport à t, entre des limites telles, que les valeurs extrêmes de x et y se réduisent à ξ_0 et η_0, ξ et η. On pourra prendre, par exemple,

$$(68) \qquad \begin{cases} x = \xi_0 + (\xi - \xi_0)t, \\ y = \eta_0 + (\eta - \eta_0)t; \end{cases}$$

et alors l'intégrale relative à t deviendra

$$(69)\quad \int_o^1 [\xi - \xi_0 + (\eta - \eta_0)\sqrt{-1}]\, f[(\xi_0 + \eta_0\sqrt{-1})(1 - t) + (\xi + \eta\sqrt{-1})t]\, dt.$$

Si dans cette intégrale on substitue successivement les variables x et y à la variable t, elle prendra les formes suivantes :

$$(70)\quad \int_{\xi_0}^{\xi} \left\{ 1 + \frac{\eta - \eta_0}{\xi - \xi_0}\sqrt{-1} \right\} f\left\{ \left(1 + \frac{\eta - \eta_0}{\xi - \xi_0}\sqrt{-1}\right)x + \frac{\eta_0\xi - \eta\xi_0}{\xi - \xi_0}\sqrt{-1} \right\} dx$$

$$(71)\quad \int_{\eta_0}^{\eta} \left\{ \frac{\xi - \xi_0}{\eta - \eta_0} + \sqrt{-1} \right\} f\left\{ \left(\frac{\xi - \xi_0}{\eta - \eta_0} + \sqrt{-1}\right)y + \frac{\eta\xi_0 - \eta_0\xi}{\eta - \eta_0} \right\} dy.$$

Enfin, si la droite que l'on considère est parallèle à l'axe des x, on aura $\eta = \eta_0$, ce qui réduira l'intégrale (70) à

$$(72)\quad \int_{\xi_0}^{\xi} f(x + \eta\sqrt{-1})\cdot dx.$$

Si, au contraire, cette droite est parallèle à l'axe de y, on aura $\xi = \xi_0$, et l'intégrale (71) se trouvera réduite à

$$(73)\quad \sqrt{-1} \int_{\eta_0}^{\eta} f(\xi + y\sqrt{-1})\, dy.$$

En général, concevons qu'une des lignes tracées entre le point (x_0, y_0) et le point (X, Y) s'étende du point (ξ_0, η_0) au point (ξ, η). Si cette ligne a pour équation

$$(74)\quad y = \psi(x),$$

l'intégrale correspondante pourra être présentée sous la forme

$$(75)\quad \int_{\xi_0}^{\xi} [1 + \psi'(x)\sqrt{-1}]\, f[x + \psi(x)\cdot\sqrt{-1}]\cdot dx.$$

Si, au contraire, cette ligne a pour équation

$$(76)\quad x = \psi(y),$$

l'intégrale (75) devra être remplacée par la suivante :

$$(77) \qquad \int_{y_0}^{} [\psi'(y) + \sqrt{-1}] f[\psi(y) + y\sqrt{-1}] \cdot dy.$$

§ 10ᵉ. Le système des lignes tracées entre les points (x_0, y_0), (X, Y) peut être réduit à la droite qui joint ces deux points : ou, ce qui revient au même, à la diagonale du rectangle formé par les droites (66). La valeur de l'expression (14), correspondante à cette diagonale, sera ce que nous appellerons *la valeur moyenne* de l'intégrale (4). Cette valeur moyenne sera évidemment semblable à l'expression (69), et représentée par l'intégrale

$$(78) \quad \int_0^1 [X - x_0 + (Y - y_0)\sqrt{-1}] f[(x_0 + y_0\sqrt{-1})(1 - t) + (X + Y\sqrt{-1})t] dt.$$

Si, à la diagonale du rectangle ci-dessus mentionné, on substitue, 1° le système des droites

$$(79) \qquad\qquad y = y_0, \quad x = X,$$

qui coïncident avec deux côtés de ce rectangle; 2° le système des droites

$$(80) \qquad\qquad x = x_0, \quad y = Y,$$

qui coïncident avec les deux autres côtés; on obtiendra, dans l'un et l'autre cas, à la place de l'intégrale (78), une somme de deux intégrales semblables aux intégrales (72) et (73). Les deux sommes ainsi formées, savoir :

$$(81) \qquad \int_{x_0}^{X} f(x + y_0\sqrt{-1}) dx + \sqrt{-1} \int_{y_0}^{Y} f(X + y\sqrt{-1}) dy,$$

et

$$(82) \qquad \int_{x_0}^{X} f(x + Y\sqrt{-1}) dy + \sqrt{-1} \int_{y_0}^{Y} f(x_0 + y\sqrt{-1}) dy,$$

sont ce que nous nommerons les *valeurs extrêmes* de l'intégrale (4).

§ 11. Concevons maintenant que l'on veuille comparer entre elles deux valeurs de l'intégrale (4) correspondantes à deux lignes droites ou courbes très-rapprochées l'une de l'autre, ou, ce qui revient au même, à deux fonctions peu différentes successivement substituées à la fonction $F(x, y)$. En vertu du principe établi dans le § 3, ces deux valeurs seront égales, si la fonction $f(x + y\sqrt{-1})$ ne devient jamais infinie pour des valeurs des coordonnées x, y, relatives à des points situés sur les courbes que l'on considère, ou entre ces mêmes courbes. Si le contraire a lieu, s'il arrive, par exemple, que des points renfermés entre les deux courbes aient pour coordonnées les quantités réelles comprises dans quelques racines de l'équation (19), la différence entre les deux valeurs de l'intégrale (4) sera déterminée par la formule (61). Enfin, si quelques racines de l'équation (19) sont relatives à des points situés sur les deux courbes, la différence entre les deux valeurs de l'intégrale (4) sera ou infinie ou indéterminée. Ajoutons que, dans le dernier cas, la formule (61) continuera de subsister, si, aux intégrales représentées par $A' + B'\sqrt{-1}$, $A'' + B''\sqrt{-1}$, on substitue leurs valeurs principales, et si l'on réduit à moitié celles des constantes f_1, $f_2,\ldots$, qui correspondront aux points dont il s'agit. Il est encore essentiel de rappeler que, dans la formule (61), le signe placé devant chaque produit de la forme

$$(83) \qquad 2\pi\,f.\sqrt{-1} \quad \text{ou} \quad \pi\,f.\sqrt{-1},$$

sera — ou +, suivant que la différence (27) aura une valeur positive ou négative. Si, pour fixer les idées, on suppose $t_0 < T$, la différence (27) pourra être remplacée par la suivante :

$$(84) \qquad dx\,\delta y - dy\,\delta x.$$

Or, il est facile de s'assurer que cette différence conservera le même signe pour tous les points compris entre les deux courbes, lorsqu'elles ne se traverseront pas mutuellement. Par conséquent, dans cette hypothèse, tous les produits de la forme (83) devront être affectés du même signe. Si l'on suppose, par exemple, $x_0 < X$, $y_0 < Y$, et l'ordonnée de la seconde courbe inférieure à l'ordonnée de la première, alors en nommant $A' + B' \sqrt{-1}$, $A'' + B'' \sqrt{-1}$, les valeurs de l'intégrale (4) relatives à la première courbe et à la seconde, on aura

$$A'' + B'' \sqrt{-1} - A' + B' \sqrt{-1} = 2\pi (f_1 + f_2 + \dots) \sqrt{-1},$$

ou, ce qui revient au même,

$$(85) \qquad A'' + B'' \sqrt{-1} = A' + B' \sqrt{-1} + 2\pi (f_1 + f_2 + \dots) \sqrt{-1}.$$

On devra d'ailleurs, dans la formule (85), réduire les intégrales désignées par $A' + B' \sqrt{-1}$, $A'' + B'' \sqrt{-1}$ à leurs valeurs principales, et remplacer les constantes $f_1, f_2 \dots$ par $\frac{1}{2} f_1, \frac{1}{2} f_2, \dots$ toutes les fois que ces constantes correspondront à des points situés sur l'une des courbes, et que les intégrales $A' + B' \sqrt{-1}$, $A'' + B'' \sqrt{-1}$ ne deviendront pas infinies.

Si l'on voulait passer d'une courbe donnée à une autre qui n'en fût pas très voisine, il suffirait d'imaginer une troisième courbe mobile et variable de forme, que l'on ferait coïncider successivement et à deux époques différentes avec les deux courbes fixes. A l'aide de cette considération, on déterminerait la différence entre les valeurs de l'intégrale (4) relatives aux deux courbes fixes, et l'on prouverait que *cette différence (quand elle conserve une valeur finie) est la somme des termes de la forme* $\pm 2\pi f \sqrt{-1}$, *qui correspondent à des points renfermés entre les deux courbes, et des termes de la forme* $\pm \pi f \sqrt{-1}$, *qui correspondent à des points situés sur l'une d'elles.* La proposition précédente s'étend au cas où chacune des courbes serait remplacée par un système de lignes droites ou courbes, formant un contour qui partirait du point (x_0, y_0) pour aboutir au point (X, Y), et subsiste lors même que de pareils contours ne seraient pas renfermés dans le rectangle figuré par les droites (66). Dans ce dernier cas, chaque système de lignes droites ou courbes fournirait toujours une somme d'intégrales semblables à l'intégrale (14). Mais cette somme, d'après les conventions admises, cesserait de représenter une valeur particulière de l'intégrale (4).

§ 12. Si, à l'aide des principes que nous venons d'exposer, on détermine la différence entre les deux sommes (81) et (82), c'est-à-dire entre les valeurs extrêmes de l'intégrale (4), dans le cas où cette différence conserve une valeur finie, on trouvera

$$(86) \qquad \int_{x_0}^{X} f(x + y_0 \sqrt{-1})\,dx + \sqrt{-1} \int_{y_0}^{Y} f(X + y \sqrt{-1})\,dy$$

$$= \int_{x_0}^{X} f(x + Y \sqrt{-1}) + \sqrt{-1} \int_{y_0}^{Y} f(x_0 + y \sqrt{-1})\,dy$$

$$+ \quad 2\pi\,(f_1 + f_2 + \ldots)\sqrt{-1},$$

les termes f_1, $f_2 \ldots$ étant relatifs à celles des racines de l'équation (19) dans lesquelles les parties réelles restent comprises entre les limites x_0, X, et les cofficiens de $\sqrt{-1}$ entre les limites y_0, Y. Ajoutons que l'un de ces termes, pris au hasard, devra être réduit à moitié, si, dans la racine correspondante, la partie réelle se confond avec l'une des quantités x_0, X, ou le coefficient de $\sqrt{-1}$ avec l'une des quantités y_0, Y. Dans la même hypothèse, celles des intégrales comprises dans la formule (86), qui deviendront indéterminées, devront être réduites à leurs valeurs principales.

Si l'on fait, pour abréger,

$$(87) \qquad \Delta = 2\pi\,(f_1 + f_2 + \ldots)\sqrt{-1},$$

l'équation (86) deviendra

$$(88) \qquad \int_{x_0}^{X} f(x + y_0\sqrt{-1})\,dx + \sqrt{-1}\int_{y_0}^{Y} f(X + y\sqrt{-1})\,dy$$

$$= \int_{x_0}^{X} f(x + Y\sqrt{-1})\,dx + \sqrt{-1}\int_{y_0}^{Y} f(x_0 + y\sqrt{-1})\,dy + \Delta.$$

L'équation (88) coïncide avec l'une des formules générales que j'ai données dans le Journal de l'Ecole royale Polytechnique et dans le Bulletin de la Société Philomathique de novembre 1822. Elle subsiste non-seulement pour des valeurs réelles, mais encore pour des valeurs imaginaires de la fonction $f(x)$, et peut toujours être remplacée par deux équations réelles que l'on obtient en égalant dans les deux membres, 1° les parties réelles, 2° les coefficiens de $\sqrt{-1}$. Ajoutons que, pour éviter toute incertitude sur la valeur des notations employées dans le calcul, il faut, dans l'équation (88), choisir la fonction $f(x)$ de telle manière que l'expression $f(x+y\sqrt{-1})$ conserve une valeur unique et reste complètement déterminée pour toutes les valeurs de x et de y comprises entre les limites des intégrations. Cette condition peut être remplie, dans le cas même où $f(x+y\sqrt{-1})$ renfermerait des logarithmes ou des puissances irrationnelles de quantités variables, c'est-à-dire des expressions de la forme

$$(89) \qquad (u + v\sqrt{-1})^{\mu}, \quad l(u + v\sqrt{-1}),$$

μ désignant une quantité réelle, et u, v deux fonctions réelles et déterminées des variables x, y. Effectivement, les expressions (89) satisferont à la condition requise, si la quantité u reste positive pour toutes les valeurs de x et y comprises entre les limites des intégrations, et si l'on adopte les conventions que nous avons admises dans le Cours d'analyse algébrique et dans les précédens mémoires. En vertu de ces conventions, la notation $\arctan\dfrac{v}{u}$ est toujours employée pour désigner le plus petit arc (abstraction faite du signe) dont la tangente soit égale à $\frac{v}{u}$, et les notations (89) pour représenter les expressions imaginaires

$$(u^2+v^2)^{\frac{\mu}{2}}\left[\cos\left(\mu\arctan g\tfrac{v}{u}\right)+\sqrt{-1}\,\sin\left(\mu\arctan g\tfrac{v}{u}\right)\right],\quad \tfrac{1}{2}\,l(u^2+v^2)+\sqrt{-1}\,\arctan g\tfrac{v}{u}.$$

On peut encore considérer la notation

$$(u+v\sqrt{-1})^{\lambda+\mu\sqrt{-1}},$$

dans laquelle λ et μ désignent des quantités quelconques, comme représentant une fonction unique et complètement déterminée, toutes les fois que la quantité variable u reçoit une valeur positive. En effet, comme, dans cette hypothèse, on aura généralement

$$u+v\sqrt{-1}=e^{l(u+v\sqrt{-1})},$$

on sera naturellement conduit à la formule

$$(u+v\sqrt{-1})^{\lambda+\mu\sqrt{-1}}=e^{(\lambda+\mu\sqrt{-1})l(u+v\sqrt{-1})},$$

qui suffira pour fixer complètement le sens de l'expression comprise dans son premier membre. Si l'on suppose en particulier $u=0$, on trouvera, pour des valeurs positives de v,

$$(v\sqrt{-1})^{\lambda+\mu\sqrt{-1}}=$$

$$e^{\lambda l(v)-\frac{\pi}{2}\mu}\left\{\cos\left[\tfrac{\pi}{2}\lambda+\mu\,l(v)\right]+\sqrt{-1}\,\sin\left[\tfrac{\pi}{2}\lambda+\mu\,l(v)\right]\right\},$$

et, pour des valeurs négatives de v,

$$(v\sqrt{-1})^{\lambda+\mu\sqrt{-1}}=$$

$$e^{\lambda l(-v)+\frac{\pi}{2}\mu}\left\{\cos\left[\tfrac{\pi}{2}\lambda-\mu\,l(-v)\right]-\sqrt{-1}\,\sin\left[\tfrac{\pi}{2}\lambda-\mu\,l(-v)\right]\right\}.$$

Lorsque la fonction $f(x+y\sqrt{-1})$ s'évanouit pour $x=\infty$, quel que soit y, alors en prenant

$$x_{_0}=0, \quad X=\infty, \quad y_{_0}=0, \quad Y=\infty,$$

on tire de l'équation (88)

$$(90)\quad \int_{_0}^{\infty} f(x+b\sqrt{-1})\,dx = \int_{_0}^{\infty} f(x)\,dx - \sqrt{-1}\int_{_0}^{b} f(y\sqrt{-1})\,dy - \Delta.$$

Si l'on pose dans celle-ci

$$f(x) = e^{-x^m},$$

m désignant un nombre quelconque, on en déduira deux équations réelles qui comprendront, comme cas particulier, une formule de M. Laplace, savoir :

$$(91)\quad \int_{_0}^{\infty} e^{-x^2}\cos.2bx\,.dx = e^{-b^2}\int_{_0}^{\infty} e^{-x^2}\,dx = \tfrac{1}{2}\pi^{\frac12}e^{-b^2}.$$

Lorsque la fonction $f(x+y\sqrt{-1})$ s'évanouit pour $y=\infty$, quel que soit x, alors, en prenant

$$x_{_0}=0, \quad X=a, \quad y_{_0}=0, \quad Y=\infty,$$

on tire de la formule (88)

$$(92)\quad \int_{_0}^{a} f(x)\,dx = \Delta - \sqrt{-1}\int_{_0}^{\infty}\left[f(a+y\sqrt{-1}) - f(y\sqrt{-1})\right]\,dy.$$

Si l'on pose dans celle-ci

$$f(x) = \varphi(x)\,.\,e^{bx\sqrt{-1}},$$

b désignant une quantité positive, et si l'on remplace ensuite dans le second membre y par $\frac{x}{b}$, elle fournira le moyen de convertir les intégrales

$$\int_{_0}^{a} \varphi(x)\,.\cos bx\,dx, \quad \int_{_0}^{a} \varphi(x)\,.\sin bx\,dx,$$

en d'autres intégrales de la forme

$$\int_0^\infty \psi\left(\frac{x}{b}\right) . e^{-x}\, dx.$$

Pour obtenir des valeurs très-approchées de ces dernières, lorsque le nombre b sera considérable, il suffira de développer les fonctions $\psi\left(\frac{x}{b}\right),\ldots$ en séries ordonnées suivant les puissances ascendantes, entières ou fractionnaires, du rapport $\frac{x}{b}$. On n'aura plus alors à calculer que des intégrales semblables à celles que M. Legendre désigne par la lettre Γ, c'est-à-dire, de la forme

$$\Gamma(n) = \int_0^\infty x^{n-1}\, e^{-x}\, dx,$$

et qui sont déterminées, pour des valeurs entières de n, par l'équation

$$\Gamma(n) = 1.2.3\ldots(n-1).$$

La remarque que l'on vient de faire est très-utile dans la théorie des ondes, ainsi que je l'ai montré dans les nouvelles notes ajoutées au mémoire qui a remporté le prix.

Lorsque la fonction $f(x + y\sqrt{-1})$ s'évanouit pour $x = \pm\infty$, quel que soit y, alors en prenant

$$x_0 = -\infty,\quad X = \infty,\quad y_0 = 0,\quad Y = b,$$

on tire de l'équation (88)

$$(93)\qquad \int_{-\infty}^{\infty} f(x + b\sqrt{-1})\, dx = \int_{-\infty}^{\infty} f(x)\, dx - \Delta.$$

Si l'on suppose, par exemple,

$$f(x) = (b - x\sqrt{-1})^{n-1}\, e^{-x},$$

a désignant un nombre rationnel ou irrationnel, Δ deviendra nul, et l'on obtiendra une formule que j'ai donnée dans le Bulletin de la Société Philomathique, et qui renferme, comme cas particulier, l'équation (91).

Lorsque la fonction $f(x+y\sqrt{-1})$ s'évanouit pour $x=\infty$, quel que soit y, et pour $y=\infty$, quel que soit x, alors, en posant

$$x_0 = 0, \quad X = \infty, \quad y_0 = 0, \quad Y = \infty,$$

on tire de la formule (88)

$$(94) \qquad \int_0^\infty f(x)\, dx = \sqrt{-1} \int_0^\infty f(y\sqrt{-1})\, dy + \Delta.$$

Parmi les résultats que fournit cette dernière équation, nous indiquerons ceux que l'on obtient en prenant pour $f(x)$ une fonction de la forme

$$f(x) = \varphi(x) . e^{ix\sqrt{-1}},$$

ou bien en supposant

$$f(x) = \left(e^{-x} - \frac{1}{1+x} \right) \frac{1}{x}.$$

L'équation à laquelle on parvient, dans la dernière hypothèse, savoir :

$$(95) \qquad \int_0^\infty \left(e^{-x} - \frac{1}{1+x} \right) \frac{dx}{x} = \int_0^\infty \left(\cos y - \frac{1}{1+y^2} \right) \frac{dy}{y},$$

offre, sous une forme nouvelle, une intégrale qui, suivant la remarque d'Euler, peut servir à en calculer un grand nombre d'autres.

Lorsque la fonction $f(x+y\sqrt{-1})$ s'évanouit pour $x=-\infty$, quel que soit y, et pour $y=\infty$, quel que soit x, alors, en posant

$$x_0 = -\infty, \quad X = 0, \quad y_0 = 0, \quad Y = \infty,$$

on tire de l'équation (88)

$$(96) \qquad \int_{-\infty}^{0} f(x)\,dx = -\sqrt{-1}\, \int_{0}^{\infty} f(y\sqrt{-1})\,dy + \Delta.$$

On peut, de cette dernière formule, combinée avec l'équation (94), déduire des résultats dignes de remarque. Supposons, par exemple,

$$f(x) = \frac{\varphi(x)}{(r + x\sqrt{-1})^a},$$

r et a désignant deux quantités positives, dont la seconde soit inférieure à l'unité. Comme la fonction $\varphi(x)$ pourra être présentée sous la forme

$$f(x) = \frac{1}{(\sqrt{-1})^a}\; \frac{\varphi(x)}{(x - r\sqrt{-1})^a},$$

on tirera de l'équation (94)

$$(97)\; \int_{0}^{\infty} \frac{\varphi(x)}{(r + x\sqrt{-1})^a}\, dx = \frac{\sqrt{-1}}{(\sqrt{-1})^a}\; \int_{0}^{\infty} \frac{\varphi(y\sqrt{-1})}{[(y - r)\sqrt{-1}]^a}\, dy + \Delta',$$

Δ' étant une valeur particulière de la constante Δ. Au contraire, en présentant la fonction $f(x)$ sous la forme

$$f(x) = \frac{1}{(-\sqrt{-1})^a}\; \frac{\varphi(x)}{(-x + r\sqrt{-1})^a},$$

on tirera de la formule (96)

$$(98)\, \int_{-\infty}^{0} \frac{\varphi(x)}{(r + x\sqrt{-1})^a}\, dx = \frac{-\sqrt{-1}}{(-\sqrt{-1})^a}\, \int_{0}^{\infty} \frac{\varphi(y\sqrt{-1})}{[(r - y)\sqrt{-1}]^a}\, dy + \Delta'',$$

Δ'' étant une constante différente de Δ'. Si maintenant on ajoute les équations (97) et (98), en observant que les deux produits

$$(\sqrt{-1})^a\,[(y - r)\sqrt{-1}]^a, \quad (-\sqrt{-1})^a\,[(r - y)\sqrt{-1}]^a,$$

se réduisent, pour $y > r$, aux expressions

$$(\sqrt{-1})^{2a}(y-r)^a, \quad (-\sqrt{-1})^{2a}(r-y)^a,$$

et pour $y < r$, à la seule quantité

$$(r-y)^a,$$

puis, remplaçant y par $x-r$, on trouvera

(99)
$$\int_{-\infty}^{\infty} \frac{\varphi(x)}{(r+x\sqrt{-1})^a}\, dx =$$

$$[(\sqrt{-1})^{1-2a} + (-\sqrt{-1})^{1-2a}]\int_r^\infty \frac{\varphi(y\sqrt{-1})\, dy}{(y-r)^a} + \Delta' + \Delta''$$

$$= 2\sin a\pi . \int_0^\infty x^{-a}\varphi[(r+x)\sqrt{-1}]\, dx + \Delta' + \Delta''.$$

En raisonnant de la même manière, et supposant

$$f(x) = \frac{\varphi(x)}{(r+x\sqrt{-1})^a\, l(r+x\sqrt{-1})},$$

on établirait la formule

(100)
$$\int_{-\infty}^{\infty} \frac{\varphi(x).dx}{(r+x\sqrt{-1})^a\, l(r+x\sqrt{-1})}$$

$$= 2\int_0^\infty \frac{\pi\cos a\pi + \sin a\pi . l(x)}{\pi^2 + [l(x)]^2}\, x^{-a}\, \varphi[(r+x)\sqrt{-1}]\, dx + \Delta' + \Delta''.$$

On pourrait construire encore un grand nombre de formules du même genre, parmi lesquelles nous indiquerons celle à laquelle on parvient quand on suppose

$$f(x) = \frac{\varphi(x)}{(r+x\sqrt{-1})^a\, [l(r+x\sqrt{-1})]^b},$$

a, b désignant deux quantités réelles dont la première est inférieure à l'unité.

Si, dans l'équation (99), on pose successivement

$$\varphi(x) = e^{ix\sqrt{-1}}, \qquad \varphi(x) = \frac{1}{(s-x\sqrt{-1})^b},$$

b, s désignant des quantités positives, les constantes Δ, Δ' s'évanouiront, et l'on obtiendra les formules

$$\int_{-\infty}^{\infty} \frac{e^{bx\sqrt{-1}}}{(r+x\sqrt{-1})^a}\, dx = 2\sin a\pi \cdot e^{-br} \int_0^\infty x^{-a} e^{-bx}\, dx$$

$$= 2 b^{a-1} e^{-br}\, \Gamma(1-a)\cdot \sin a\pi.$$

$$\int_{-\infty}^{\infty} \frac{dx}{(r+x\sqrt{-1})^a (s-x\sqrt{-1})^b} = 2\sin a\pi \int_0^\infty \frac{dx}{x^a (r+s+x)^b}$$

$$= 2(r+s)^{1-a-b} \sin a\pi \int_0^\infty \frac{x^{-a}\, dx}{(1+x)^b}.$$

Ces dernières, en vertu des propriétés connues de la fonction Γ, peuvent s'écrire comme il suit :

$$(101)\qquad \int_{-\infty}^{\infty} \frac{e^{bx\sqrt{-1}}\, dx}{(r+x\sqrt{-1})^a} = \frac{2\pi}{\Gamma(a)}\, b^{a-1}\, e^{-br},$$

et

$$(102)\int_{-\infty}^{\infty} \frac{dx}{(r+x\sqrt{-1})^a (s-x\sqrt{-1})^b} = 2\pi (r+s)^{1-a-b}\, \frac{\Gamma(a+b-1)}{\Gamma(a)\Gamma(b)}.$$

En les différentiant plusieurs fois de suite par rapport à la quantité r, on reconnaît qu'elles s'étendent au cas même où l'exposant a devient supérieur à l'unité.

Il est essentiel de remarquer que les équations (99), (100), (101), (102), etc., subsisteront encore pour des valeurs imaginaires des constantes a et b, toutes les fois que les intégrales comprises dans ces formules conserveront des valeurs finies.

Lorsque la fonction $f(x+y\sqrt{-1})$ s'évanouit pour $x=\pm\infty$, quel que soit y, et pour $y=\infty$, quel que soit x, alors en prenant

$$x_0=-\infty,\quad X=\infty,\quad y_0=0,\quad Y=\infty,$$

on tire généralement de l'équation (88)

$$(\text{103}) \qquad \int_{-\infty}^{\infty} f(x)\, dx = \Delta ,$$

ou, ce qui revient au même,

$$(\text{104}) \qquad \int_{0}^{\infty} \frac{f(x) + f(-x)}{2}\, dx = \tfrac{1}{2}\, \Delta.$$

Dans les seconds membres des formules qui précèdent, la somme représentée par Δ se compose uniquement de termes relatifs, les uns aux racines réelles de l'équation (19), les autres aux racines imaginaires dans lesquelles le coefficient de $\sqrt{-1}$ est positif. De plus, comme, pour obtenir ces formules, il a fallu prendre les intégrales relatives à y, à partir de $y = o$, il en résulte qu'après avoir déterminé, à l'aide de la formule (87), les termes correspondans aux diverses racines, on devra réduire à moitié ceux qui se rapporteront à des racines réelles, c'est-à-dire, à des racines dans lesquelles le coefficient de $\sqrt{-1}$ sera nul.

Les formules (103) et (104) réduisent, comme on le voit, la détermination des intégrales qu'elles renferment à la recherche des racines de l'équation (19) dans lesquelles le coefficient de $\sqrt{-1}$ est positif. Elles fournissent les valeurs de presque toutes les intégrales définies connues et d'un grand nombre d'autres, parmi lesquelles on peut remarquer celles que j'ai citées dans le 19e cahier du Journal de l'Ecole royale Polytechnique, dans le résumé des leçons données à cette école, et dans le Bulletin des sciences d'avril 1825.

Il est important d'observer que, dans le cas où l'équation (19) a des racines réelles, les intégrales (103) et (104) sont du nombre de celles dont les valeurs générales restent indéterminées. Mais, en vertu des principes établis dans les paragraphes précédens, les intégrales dont il s'agit doivent être alors réduites à leurs valeurs principales. Il est d'ailleurs facile de transformer ces valeurs principales en intégrales définies, dans lesquelles les fonctions, sous le signe $\int$, cessent de devenir infiniment grandes pour des valeurs particulières de la variable x.

On peut remarquer encore que, dans plusieurs cas, l'équation (19) aura une infinité de racines. Alors la somme désignée par $\triangle$ se composera, du moins en général, d'un nombre infini de termes; et, par conséquent, chacune des intégrales (103), (104) se trouvera représentée par la somme d'une série infinie. Mais il arrivera souvent, ou que la plupart des termes de la série devront être rejetés, parce qu'ils appartiendront à des racines dans lesquelles le coefficient de $\sqrt{-1}$ sera négatif, ou que la plupart des termes seront deux à deux égaux et de signes contraires; ou que la somme de la série pourra être facilement déterminée par la méthode que nous indiquerons dans le paragraphe 13. Lorsque l'une de ces conditions sera remplie, les équations (103) et (104) continueront à fournir, en termes finis, les valeurs des intégrales qu'elles renferment.

Enfin, il peut arriver que l'équation (19) n'ait pas de racines dans lesquelles le coefficient de $\sqrt{-1}$ soit positif ou nul; et, dans ce cas, les intégrales (103), (104) se réduiront à zéro. On trouvera, par exemple, en désignant par a, b, r, s des quantités positives,

$$(105) \qquad \int_{-\infty}^{\infty} \frac{e^{bx\sqrt{-1}}\, dx}{(r - x\sqrt{-1})^a} = 0,$$

$$(106) \quad \int_{-\infty}^{\infty} \frac{dx}{(r - x\sqrt{-1})^a\,(s - x\sqrt{-1})^b} = \int_{-\infty}^{\infty} \frac{dx}{(r + x\sqrt{-1})^a\,(s + x\sqrt{-1})^b} = 0.$$

Si l'on combine l'équation (105) avec l'équation (101), on en tirera

$$(107) \begin{cases} \displaystyle\int_0^\infty \frac{(r-x\sqrt{-1})^{-a}+(r+x\sqrt{-1})^{-a}}{2}\cos.bx.dx = \frac{\pi}{2\,\Gamma(a)}\,b^{a-1}e^{-b}, \\[2em] \displaystyle\int_0^\infty \frac{(r-x\sqrt{-1})^{-a}-(r+x\sqrt{-1})^{-a}}{2\sqrt{-1}}\sin.bx.dx = \frac{\pi}{2\,\Gamma(a)}\,b^{a-1}e^{-b}. \end{cases}$$

J'ai donné ces dernières formules, au commencement de 1815, dans un mémoire où elles étaient appliquées à la conversion des différences finies des puissances positives en intégrales définies, et pour lequel MM. Laplace, Legendre et Lacroix furent nommés commissaires. On peut au reste opérer cette conversion en s'appuyant ou sur la formule (101), ou sur une autre qui s'accorde avec elle, et qui a été donnée par M. Laplace.

On tire encore des formules (102) et (106), combinées entre elles,

$$(108) \begin{cases} \displaystyle\int_0^\infty \frac{(r-x\sqrt{-1})^{-a}+(r+x\sqrt{-1})^{-a}}{2}\;\frac{(s-x\sqrt{-1})^{-b}+(s+x\sqrt{-1})^{-b}}{2}\,dx \\[2em] = \displaystyle\int_0^\infty \frac{(r-x\sqrt{-1})^{-a}-(r+x\sqrt{-1})^{-a}}{2\sqrt{-1}}\;\frac{(s-x\sqrt{-1})^{-b}-(s-x\sqrt{-1})^{-b}}{2\sqrt{-1}}\,dx \\[2em] = \dfrac{\pi}{2}\,(r+s)^{1-a-b}\,\dfrac{\Gamma(a+b-1)}{\Gamma(a).\Gamma(b)}. \end{cases}$$

Si, dans les formules (103), (104), et dans celles qui s'en déduisent, on pose

$$(109) \qquad\qquad x = \operatorname{tang} p,$$

on obtiendra de nouvelles intégrales définies relatives à la variable p, et prises entre les limites $p=-\dfrac{\pi}{2}$, $p=\dfrac{\pi}{2}$, ou $p=0$, et $p=\dfrac{\pi}{2}$. En opérant ainsi, désignant par $\varphi(x)$ une fonction réelle et rationnelle de la variable x, et prenant

$$f(x) = \tfrac{1}{2}\left\{\varphi\left(\frac{1+x\sqrt{-1}}{1-x\sqrt{-1}}\right) - \varphi\left(\frac{1-x\sqrt{-1}}{1+x\sqrt{-1}}\right)\right\}\frac{l(1-x\sqrt{-1})}{1+x^2}$$

$$= \cos^2 p \cdot \frac{\varphi(e^{2p\sqrt{-1}}) - \varphi(e^{-2p\sqrt{-1}})}{2\sqrt{-1}}\,[\,p - \sqrt{-1}\,l\cos p\,],$$

on réduira l'intégrale (104) à la suivante :

$$(110)\qquad \int_0^{\frac{\pi}{2}} \frac{\varphi(e^{2p\sqrt{-1}}) - \varphi(e^{-2p\sqrt{-1}})}{2\sqrt{-1}}\,p\,dp.$$

Cette dernière coïncide avec l'une de celles que j'avais présentées dans le mémoire de 1814 (2ᵉ supplément). De même, si l'on fait, pour abréger,

$$(111)\; u = \frac{\varphi(e^{2p\sqrt{-1}}) + \varphi(e^{-2p\sqrt{-1}})}{2}\;,\quad v = \frac{\varphi(e^{2p\sqrt{-1}}) - \varphi(e^{-2p\sqrt{-1}})}{2\sqrt{-1}}$$

on déterminera sans peine les valeurs des intégrales

$$(112)\; \int_0^{\frac{\pi}{2}} u\,.\,l\cos p\,.\,dp,\qquad \int_0^{\frac{\pi}{2}} u\,.\,l\sin p\,.\,dp,\qquad \int_0^{\frac{\pi}{2}} u\,.\,l\,\mathrm{tang}\,p\,.\,dp,$$

$$(113)\; \int_0^{\frac{\pi}{2}} u\,(\mathrm{tang}\,p)^a dp,\qquad \int_0^{\frac{\pi}{2}} \frac{u\cos\,.\,ap}{(\cos p)^a}\,dp,\qquad \int_0^{\frac{\pi}{2}} \frac{u\,.\,l\cos\,.\,p}{p^2 + (l\cos p)^2}\,dp,$$

$$(114)\; \int_0^{\frac{\pi}{2}} v\,(\mathrm{tang}\,p)^a dp,\qquad \int_0^{\frac{\pi}{2}} \frac{v\sin\,.\,ap}{(\cos p)^a}\,dp,\qquad \int_0^{\frac{\pi}{2}} \frac{v\,.\,p}{p^2 + (l\cos p)^2}\,dp,$$

etc....

On trouvera, en particulier, pour des valeurs de r comprises entre les limites -1, $+1$,

$$(115) \quad \int_0^{\frac{\pi}{2}} \frac{r \sin 2p}{1 - 2r \cos 2p + r^2}\, p\, dp = \frac{\pi}{4} l(1+r),$$

$$(116) \quad \int_0^{\frac{\pi}{2}} \frac{1 - r \cos 2p}{1 - 2r \cos 2p + r^2} (\tang p)^a\, dp = \frac{\pi}{4 \cos \frac{a\pi}{2}} \left\{ 1 + \left(\frac{1-r}{1+r}\right)^a \right\},$$

$$(117) \quad \int_0^{\frac{\pi}{2}} \frac{r \sin 2p}{1 - 2r \cos 2p + r^2} (\tang p)^a\, dp = \frac{\pi}{4 \sin \frac{a\pi}{2}} \left\{ 1 - \left(\frac{1-r}{1+r}\right)^a \right\},$$

$$(118) \quad \int_0^{\frac{\pi}{2}} \frac{1 - r \cos 2p}{1 - 2r \cos 2p + r^2}\, l \cos p \,.\, dp = \frac{\pi}{4}\, l\left(\frac{1+r}{4}\right),$$

$$(119) \quad \int_0^{\frac{\pi}{2}} \frac{1 - r \cos 2p}{1 - 2r \cos 2p + r^2}\, l \sin p \,.\, dp = \frac{\pi}{4}\, l\left(\frac{1-r}{4}\right),$$

$$(120) \quad \int_0^{\frac{\pi}{2}} \frac{1 - r \cos 2p}{1 - 2r \cos 2p + r^2}\, l\tang p \,.\, dp = \frac{\pi}{4}\, l\left(\frac{1-r}{1+r}\right),$$

etc...

On trouvera, au contraire, en prenant pour r une quantité réelle dont la valeur numérique surpasse l'unité,

$$(121) \quad \int_0^{\frac{\pi}{2}} \frac{r \sin 2p}{1 - 2r \cos 2p + r^2}\, p\, dp = \frac{\pi}{4}\, l\left(1 + \frac{1}{r}\right),$$

$$(122) \quad \int_0^{\frac{\pi}{2}} \frac{1 - r \cos . 2p}{1 - 2r \cos . 2p + r^2} (\tang . p)^a\, dp = \frac{\pi}{4 \cos \frac{a\pi}{2}} \left\{ 1 - \left(\frac{r-1}{r+1}\right)^a \right\},$$

etc....

De plus, si, dans les équations (107) et (108), on pose $r = 0$ ou $r = 1$, $s = 1$, et $x = \tang p$, on en déduira sans peine plusieurs formules dignes de remarque, parmi lesquelles je citerai la suivante :

$$(123)\quad \int_0^{\frac{\pi}{2}} (\cos p)^{a+b-2}\,\cos(b-a)p \cdot dp = \frac{\pi}{2^{a+b-1}} \cdot \frac{\Gamma(a+b-1)}{\Gamma(a).\Gamma(b)}.$$

Cette dernière peut être remplacée par l'équation

$$(124)\quad \int_0^{\frac{\pi}{2}} (\cos p)^a \cos bp \cdot dp = \frac{\pi}{2^{a+1}} \frac{\Gamma(a+1)}{\Gamma\left(\frac{a+b}{2}+1\right)\Gamma\left(\frac{a-b}{2}+1\right)}.$$

qui subsiste pour des valeurs réelles et même pour des valeurs imaginaires des constantes a et b, toutes les fois que l'intégrale comprise dans le premier membre ne devient pas infinie. Si, pour fixer les idées, on suppose $b = k\sqrt{-1}$, l'on trouvera

$$(125)\quad \int_0^{\frac{\pi}{2}} (\cos p)^a\,\frac{e^{kp}+e^{-kp}}{2}\,dp = \frac{\pi\,\Gamma(a+1)}{2^{a+1}\,S},$$

la valeur de S étant donnée par la formule

$$(126)\quad S = \left\{ \int_0^\infty x^{\frac{a}{2}} e^{-x} \cos\frac{k\,l(x)}{2}\,dx \right\}^2 + \left\{ \int_0^\infty x^{\frac{a}{2}} e^{-x} \sin\frac{k\,l(x)}{2}\,dx \right\}^2.$$

Après avoir déduit des équations (103) et (104) un grand nombre de formules particulières, on pourra en établir de nouvelles à l'aide de différentiations ou d'intégrations relatives aux constantes contenues dans les premières formules. On déterminera facilement par ce moyen la valeur de l'intégrale définie

$$(127)\qquad \int_0^\infty x^{a-1}\,\varphi(x)\,[l(x)]^n\,dx,$$

a désignant une quantité réelle ou imaginaire, $\varphi(x)$ une fraction rationnelle quelconque, et n un nombre entier. On trouvera encore

$$(128)\quad \int_0^\infty \frac{x^{a-1}-x^{b-1}}{l(x)}\,\frac{dx}{x^2+1} = \pi\left\{ l\,\mathrm{tang}\,\frac{a\pi}{4} - l\,\mathrm{tang}\,\frac{b\pi}{4} \right\},$$

$$(129) \quad \int_0^\infty \frac{x^{a-1} - x^{b-1}}{l(x)} \cdot \frac{dx}{1-x^3} = \pi \left\{ l \sin \frac{a\pi}{2} - l \sin \frac{b\pi}{2} \right\}.$$

etc...

Lorsque la fonction $f(x+y\sqrt{-1})$ s'évanouit pour $x = \pm\infty$, quel que soit y, et pour $y = -\infty$, quel que soit x, alors en posant

$$x_0 = -\infty \text{ } X = \infty, \quad y_0 = -\infty, \quad Y = 0.$$

on tire généralement de l'équation (88)

$$(130) \qquad \int_{-\infty}^\infty f(x)\,dx = -\Delta,$$

ou, ce qui revient au même,

$$(131) \qquad \int_{-\infty}^\infty \frac{f(x) + f(-x)}{2}\,dx = -\tfrac{1}{2}\Delta.$$

Dans ces dernières formules, la somme représentée par Δ se compose uniquement de termes relatifs, les uns aux racines réelles de l'équation (19), les autres aux racines imaginaires dans lesquelles le coefficient de $\sqrt{-1}$ est négatif. De plus, après avoir déterminé ces différens termes à l'aide de l'équation (87), on devra réduire à moitié ceux qui correspondront à des racines réelles.

Lorsque la fonction $f(x+y\sqrt{-1})$ s'évanouit pour $y = \pm\infty$, quel que soit x, alors, en posant

$$y_0 = -\infty, \quad Y = \infty,$$

on tire de la formule (88)

$$(132) \qquad \int_{-\infty}^\infty \left[f(X + y\sqrt{-1}) - f(x_0 + y\sqrt{-1}) \right] dy = \frac{\Delta}{\sqrt{-1}}.$$

Dans cette dernière, Δ se compose de termes relatifs aux racines de l'équation (19) pour lesquelles les parties réelles demeurent comprises entre les limites x_0, X. Si l'on suppose en outre que la fonction $f(x + y\sqrt{-1})$ s'évanouisse pour l'une des valeurs $x = -\infty$, $x = \infty$, alors, en désignant par a une quantité positive et prenant

$$x_0 = -\infty, \qquad X = a,$$

ou bien

$$x_0 = -a, \qquad X = \infty,$$

on obtiendra l'une des formules

$$(133) \qquad \int_{-\infty}^{\infty} f(a + y\sqrt{-1})\, dy = \frac{\Delta}{\sqrt{-1}},$$

$$(134) \qquad \int_{-\infty}^{\infty} f(-a + y\sqrt{-1})\, dy = -\frac{\Delta}{\sqrt{-1}}.$$

Les formules (132), (133), (134) sont particulièrement utiles dans la résolution des équations par les intégrales définies, et dans l'intégration des équations différentielles linéaires. (*Voyez* le 19ᵉ cahier du journal de l'École royale Polytechnique.)

§ 13. Lorsque la fonction $f(x + y\sqrt{-1})$ s'évanouit pour $x = \pm\infty$, quel que soit y, et pour $y = \pm\infty$, quel que soit x, alors en posant

$$x_0 = -\infty, \quad X = \infty, \quad y_0 = -\infty, \quad Y = \infty,$$

on tire généralement de la formule (88)

$$(135) \qquad\qquad\qquad \Delta = 0.$$

Lorsque la fonction $f(x)$ devient rationnelle, la formule (135) reproduit un théorème que j'ai démontré dans le 17 cahier du journal de l'École Polytechnique, et à l'aide duquel on peut établir immédiatement la formule d'interpolation de Lagrange.

Lorsque l'équation (19) a une infinité de racines, la formule (135) renferme un nombre infini de termes et peut être appliquée à la sommation des séries. Ainsi, par exemple, si l'on prend successivement

$$(136) \qquad f(x) = \varphi(x)\frac{\cos rx}{\sin \pi x}, \quad f(x) = \varphi(x)\frac{\sin rx}{\sin \pi x},$$

r désignant un nombre entier inférieur à π, et $\varphi(x)$ une fraction rationnelle dans laquelle le numérateur soit d'un degré plus petit que le dénominateur, on déterminera immédiatement, à l'aide de la formule (135), les sommes des séries

$$(137) \left\{ \begin{aligned} &\tfrac{1}{2}\varphi(0) - \frac{\varphi(1)+\varphi(-1)}{2}\cos r + \frac{\varphi(2)+\varphi(-2)}{2}\cos 2r - \text{etc.},\\[2ex] &\quad - \frac{\varphi(1)-\varphi(-1)}{2}\sin r + \frac{\varphi(2)-\varphi(-2)}{2}\sin 2r - \text{etc.} \end{aligned} \right.$$

Si l'on fait d'ailleurs

$$(138) \qquad\qquad s = \pm (2m+1)\pi \pm r,$$

m étant un nombre entier quelconque, l'arc s restera entièrement arbitraire, et les séries (137) deviendront

$$(139) \left\{ \begin{aligned} &\tfrac{1}{2}\varphi(0) + \frac{\varphi(1)+\varphi(-1)}{2}\cos s + \frac{\varphi(2)+\varphi(-2)}{2}\cos 2s + \text{etc.}\ldots,\\[2ex] &\quad \frac{\varphi(1)-\varphi(-1)}{2}\sin s + \frac{\varphi(2)-\varphi(-2)}{2}\sin 2s + \text{etc.}\ldots \end{aligned} \right.$$

Enfin, si l'on pose $s = 0$, la première des séries (139) sera réduite à

$$(140) \qquad \tfrac{1}{2}\varphi(0) + \frac{\varphi(1)+\varphi(-1)}{2} + \frac{\varphi(2)+\varphi(-2)}{2} + \text{etc}\ldots$$

En attribuant à $\varphi(x)$ les valeurs particulières

$$\frac{1}{u^2 \pm x^2}, \qquad \frac{x}{u^2 \pm x^2}, \quad \text{etc}\ldots,$$

on obtiendra les formules connues

$$(141) \qquad \frac{1}{2}\frac{1}{u^2} + \frac{1}{u^2-1} + \frac{1}{u^2-4} + \frac{1}{u^2-9} + \ldots = \frac{\pi}{2u}\,\cot.\,\pi u,$$

$$(142) \qquad \frac{1}{2}\frac{1}{u^2} + \frac{1}{u^2+1} + \frac{1}{u^2+4} + \frac{1}{u^2+9} + \ldots = \frac{\pi}{2u}\,\frac{e^{\pi u}+e^{-\pi u}}{e^{\pi u}-e^{-\pi u}},$$

$$(143) \qquad \frac{1}{2}\frac{1}{u^2} + \frac{\cos s}{u^2-1} + \frac{\cos 2s}{u^2-4} + \frac{\cos 3s}{u^2-2} + \ldots = \frac{\pi}{2u}\,\frac{\cos.\,ru}{\sin.\,\pi u},$$

$$(144) \qquad \frac{1}{2}\frac{1}{u^2} + \frac{\cos s}{u^2+1} + \frac{\cos 2s}{u^2+4} + \frac{\cos 3s}{u^2+9} + \ldots = \frac{\pi}{2u}\,\frac{e^{ru}+e^{-ru}}{e^{\pi u}+e^{-\pi u}},$$

$$(145) \qquad \frac{\sin s}{u^2-1} + \frac{2\sin.2s}{u^2-4} + \frac{3\sin.3s}{u^2-9} + \ldots = \pm\frac{\pi}{2}\,\frac{\sin.\,ru}{\sin.\,\pi u},$$

$$(146) \qquad \frac{\sin.\,s}{u^2+1} + \frac{2\sin.2s}{u^2+4} + \frac{3\sin.3s}{u^2+9} + \ldots = \mp\frac{e^{ru}-e^{-ru}}{e^{\pi u}-e^{-\pi u}}.$$

Il est important d'observer que, dans les seconds membres des équations (145) et (146), le signe supérieur se rapporte au cas où l'on a $s = \pm(2m+1)\pi+r$, et le signe inférieur au cas où l'on a $s = \pm(2m+1)\pi-r$.

Si, après avoir multiplié par $2u\,du$ les deux membres de la formule (141), on les intègre par rapport à u, et à partir de $u = 0$, on trouvera

$$l\frac{\sin \pi u}{\pi u} = l(1-u^2) + l\left(1-\frac{u^2}{4}\right) + l\left(1-\frac{u^2}{9}\right) + \text{etc}\ldots,$$

ou, ce qui revient au même,

$$(147) \quad l \sin \pi u = l(\pi) + l(u) + l(1 - u^2) + l\left(1 - \frac{u^2}{4}\right) + l\left(1 - \frac{u^2}{9}\right) + \cdots,$$

et, par suite,

$$(148) \qquad \sin \pi u = \pi u \left(1 - u^2\right) \left(1 - \frac{u^2}{4}\right) \left(1 - \frac{u^2}{9}\right) \cdots$$

Si l'on pose maintenant $u = \frac{1}{2}$, on obtiendra la formule de Wallis, savoir :

$$(149) \qquad \frac{\pi}{2} = \frac{2}{1} \cdot \frac{2}{3} \cdot \frac{4}{3} \cdot \frac{4}{5} \cdot \frac{6}{5} \cdot \frac{6}{7} \cdot \frac{8}{7} \cdot \frac{8}{9} \cdots,$$

Enfin, comme on aura évidemment

$$\int_0^1 l \sin . \pi u . du = \frac{2}{\pi} \int_0^{\frac{\pi}{2}} l \sin . p . dp,$$

et qu'on tirera de l'équation (119), en réduisant la constante r à zéro,

$$\int_0^{\frac{\pi}{2}} l \sin . p \; dp = \frac{\pi}{2} l\left(\frac{1}{2}\right),$$

il suffira d'intégrer de nouveau la formule (147) par rapport à la variable u, et entre les limites $u = 0$, $u = 1$, pour établir l'équation

$$(150) \quad l\left(\tfrac{1}{2}\right) = l(\pi) - 1 + l\left(\frac{2^2}{e^2}\right) + l\left(\frac{3^3}{1 . 2^2 c^2}\right) + l\left(\frac{4^4}{2^2 . 3^2 e^2}\right) + l\left(\frac{5^5}{3^3 . 4^2 e^2}\right) + \cdots$$

$$\cdots \cdots \cdots \cdots \cdots \cdots + l\left\{\frac{(n+1)^{n+1}}{(n-1)^{n-1} n^2 c^2}\right\} + \text{etc.}$$

En conséquence, on aura, sans erreur sensible, pour de

grandes valeurs de n,

$$(151) \qquad l(\tfrac{1}{2}) = l\left(\frac{\pi}{e}\right) + l\left\{ \frac{n^n (n+1)^{n+1}}{(1.2.3...n)^2 e^{2n}} \right\}.$$

Si l'on observe d'ailleurs que l'expression $(n+1)^{n+1} = n^{n+1}(1+\tfrac{1}{n})^{n+1}$ diffère très peu du produit $n^{n+1}e$, et si, après avoir réduit à moitié les deux membres de la formule (150), on passe des logarithmes aux nombres, on trouvera

$$(152) \qquad 1 = (2\pi)^{\frac{1}{2}} \frac{n^{n+\frac{1}{2}}}{1.2.3..n.e^n} = \frac{(2\pi)^{\frac{1}{2}} n^{n+\frac{1}{2}}}{e^n\,\Gamma(n)}.$$

La formule (152), qui est d'autant plus exacte que l'on attribue à n des valeurs plus considérables, est très utile dans le calcul des produits composés d'un grand nombre de facteurs. Elle a été donnée, pour la première fois, par M. Laplace.

Si l'on posait successivement

$$f(x) = \varphi(x)\frac{1-e^x}{x-e^x}\ , \qquad f(x) = \varphi(x)\frac{1-\cos x}{x-\sin x}\ ,$$

$$f(x) = \varphi(x)\frac{x\sin x}{\sin x - x\cos x}\ ,\ \text{etc.,}$$

on déduirait de l'équation (135) les sommes des séries de la forme

$$(153) \qquad \varphi(x_1) + \varphi(x_2) + \varphi(x_3) + \cdots,$$

$x_1, x_2, x_3\ldots$ représentant les diverses racines réelles ou imaginaires de l'une des équations

$$(154) \qquad x = e^x,\quad x = \sin x,\quad x = \operatorname{tang} x,\ \text{etc.}$$

Ainsi, par exemple, en prenant pour $x_1, x_2\ldots$ les racines de la première des équations (154), on trouverait

$$(155) \qquad \frac{1}{r^2+x_1^2} + \frac{1}{r^2+x_2^2} + \frac{1}{r^2+x_3^2} + \cdots = \frac{1}{r}\,\frac{r-\sin r - r\cos r}{r^2 - 2r\sin r + 1}.$$

§ 14. Dans les applications que nous avons faites de la formule (88), nous avons supposé que les intégrales comprises dans cette formule s'évanouissaient avec les fonctions qu'elles renferment. C'est ce qui a lieu en général. Néanmoins le contraire arrive dans un petit nombre de cas particuliers, et alors les équations que nous avons établies doivent être modifiées. Ainsi, par exemple, si l'on prend pour $f(x)$ une fraction rationelle dans laquelle le degré du numérateur soit inférieur au degré du dénominateur, la valeur de la somme Δ, relative à cette fraction rationnelle, sera généralement nulle, et vérifiera l'équation (135). Néanmoins cette valeur de Δ cessera d'être nulle, comme on l'a prouvé dans le 19ᵉ cahier du Journal de l'École Polytechnique, si la différence entre le degré du dénominateur et le degré du numérateur est précisément égale à l'unité. Pour retrouver dans cette hypothèse la véritable valeur de Δ, il suffira ou de suivre la méthode indiquée dans le journal dont il s'agit, et de chercher ce que deviennent les intégrales comprises dans la formule (88) quand les fonctions sous le signe $\int$ s'évanouissent, ou d'appliquer la formule (135) à l'une des fractions rationnelles

$$\frac{f(x)}{1-\varepsilon x}, \quad \frac{f(x)}{1-\varepsilon^2 x^2}, \quad \frac{f(x)}{1+\varepsilon^2 x^2}, \text{ etc.,}$$

et de poser ensuite $\varepsilon = 0.$

De même les équations

$$(156) \quad \begin{cases} \dfrac{\sin r}{u^2-1} - \dfrac{\sin 2r}{u^2-4} + \dfrac{\sin 3r}{u^2-9} - \ldots = -\dfrac{\pi}{2}\,\dfrac{\sin ru}{\sin \pi u}, \\[2ex] \dfrac{\sin r}{u^2+1} - \dfrac{\sin 2r}{u^2+4} + \dfrac{\sin 3r}{u^2+9} - \ldots = \dfrac{\pi}{2}\,\dfrac{e^{ru}-e^{-ru}}{e^{\pi u}-e^{-\pi u}}, \end{cases}$$

auxquelles on parvient en supposant

$$f(x) = \frac{x}{u^2 \mp x^2} \; \frac{\sin rx}{\sin \pi x},$$

et qui subsistent pour toutes les valeurs de r comprises entre les limites o et π, deviendront inexactes, si l'on a précisément $r = \pi$. Alors, en effet, leurs premiers membres se réduiront à zéro, et leurs derniers membres à l'unité. Mais, pour retrouver les équations exactes qui doivent les remplacer, il suffira de substituer à $f(x)$ la fonction

$$\frac{f(x)}{1 + \varepsilon^2 x^2} = \frac{1}{1 + \varepsilon^2 x^2} \; \frac{x}{u^2 \mp x^2} \; \frac{\sin rx}{\sin \pi x}.$$

En appliquant à cette dernière fonction la formule (135), et posant ensuite $r = \pi$, puis $\varepsilon = o$, on obtiendra les équations identiques

$$\frac{\sin \pi}{u^2 - 1} - \frac{\sin 2\pi}{u^2 - 4} + \frac{\sin 3\pi}{u^2 - 9} - \text{etc.} = \frac{\pi}{2}(1 - 1),$$

$$\frac{\sin \pi}{u^2 + 1} - \frac{\sin 2\pi}{u^2 + 4} + \frac{\sin 3\pi}{u^2 + 9} - \text{etc.} = \frac{\pi}{2}(1 - 1).$$

§ 15. Concevons maintenant que, la valeur de Δ étant toujours déterminée par l'équation (87), on pose

$$(157) \qquad\qquad \frac{Y - y_o}{X - x_o} = \text{tang } \theta,$$

ensorte que θ représente l'angle formé par la droite, menée du point (x_o, y_o) au point (X, Y), avec l'axe des x. Enfin partageons Δ en deux parties Δ', Δ'', dont l'une renferme celles des constantes f_1, f_2,... qui correspondent à des points du triangle formé par la ligne dont il s'agit et les deux droites $x = x_o$, $y = Y$, tandis que l'autre sera relative aux points du triangle formé par la même ligne et les droites $y = y_o$, $x = X$.

Si l'on compare successivement les deux valeurs extrêmes de l'intégrale (4) à la valeur moyenne présentée sous la forme

$$(158)\quad \int_{x_0}^{X}\left\{1+\frac{Y-y_0}{X-x_0}\sqrt{-1}\right\}f\left\{\left(1+\frac{Y-y_0}{X-x_0}\sqrt{-1}\right)x+\frac{y_0 X-Y x_0}{X-x_0}\sqrt{-1}\right\}dx$$

$$=\int_{x_0}^{X}\left\{1+\tan g\,\theta.\sqrt{-1}\right\}f\left\{\left(1+\tan g\,\theta.\sqrt{-1}\right)x+\left(y_0-x_0\tan g\,\theta\right)\sqrt{-1}\right\}dx\,,$$

on trouvera

$$(159)\quad \int_{x_0}^{X}\left[1+\tan g\,\theta.\sqrt{-1}\right]f\left[x\left(1+\tan g\,\theta.\sqrt{-1}\right)+\left(y_0-x_0\tan g\,\theta\right)\sqrt{-1}\right]dx$$

$$=\int_{x_0}^{X}f(x+y_0\sqrt{-1})dx+\sqrt{-1}\int_{y_0}^{Y}f(X+y\sqrt{-1})dy-\Delta'\,,$$

et

$$(160)\quad \int_{x_0}^{X}\left[1+\tan g\,\theta.\sqrt{-1}\right]f\left[x\left(1+\tan g\,\theta.\sqrt{-1}\right)+\left(y_0-x_0\tan g\,\theta\right)\sqrt{-1}\right]dx$$

$$=\int_{x_0}^{X}f(x+y\sqrt{-1})dx+\sqrt{-1}\int_{y_0}^{Y}f(x_0+y\sqrt{-1})dy+\Delta''.$$

Si la fonction $f(x+y\sqrt{-1})$ s'évanouit pour $x=\infty$, quel que soit y, et si l'on pose $x_0=0$, $X=\infty$, $y_0=0$, on tirera de l'équation (159), en écrivant dans le premier membre $x\cos\theta$ au lieu de x,

$$(161)\quad \int_{0}^{\infty}f\left[(\cos\theta+\sqrt{-1}\sin\theta)x\right].dx=\left(\cos\theta-\sqrt{-1}\sin\theta\right)\left\{\int_{0}^{\infty}f(x)dx-\Delta'\right\}.$$

Cette dernière équation comprend, comme cas particuliers, des formules connues. Si l'on suppose, par exemple,

$$f(x)=x^{a-1}e^{-x},$$

a désignant une quantité positive, Δ' s'évanouira, et l'on tirera de la formule (161)

$$\int_0^\infty x^{a-1} e^{-x(\cos\theta + \sqrt{-1}\,\sin\theta)}\,dx = (\cos a\theta - \sqrt{-1}\,\sin a\theta)\int_0^\infty x^{a-1} e^{-x}\,dx,$$

puis, en égalant 1° les parties réelles, 2° les coefficients de $\sqrt{-1}$, l'on trouvera

$$(162)\begin{cases} \displaystyle\int_0^\infty x^{a-1} e^{-x\cos\theta}\cos(x\sin\theta)\,.\,dx = \cos a\theta \int_0^\infty x^{a-1} e^{-x}\,dx, \\[2ex] \displaystyle\int_0^\infty x^{a-1} e^{-x\cos\theta}\sin(x\sin\theta)\,.\,dx = \sin a\theta \int_0^\infty x^{a-1} e^{-x}\,dx. \end{cases}$$

§ 16. En suivant les principes établis dans le 11e paragraphe, on peut évaluer non-seulement la différence qui existe entre les valeurs extrêmes et la valeur moyenne de l'intégrale (4), mais encore la différence entre deux intégrales ou deux sommes d'intégrales semblables à l'intégrale (14), et correspondantes à deux systèmes de courbes tracées arbitrairement dans le plan des x, y, de manière à lier le point (x_0, y_0) au point (X, Y). Or, pour obtenir un pareil système, il suffit de prendre à volonté, dans le plan des x, y, une suite de points dont les coordonnées soient respectivement désignées par

$$x_0, y_0;\quad x_1, y_1;\quad x_2, y_2;\ \ldots\ldots\ x_{n-1}, y_{n-1};\quad X, Y;$$

puis de lier par une première courbe le point (x_0, y_0) au point (x_1, y_1); par une seconde courbe, le point (x_1, y_1) au point (x_2, y_2); ..... enfin, par une dernière courbe, le point (x_{n-1}, y_{n-1}) au point (X, Y). Cela posé, représentons par

$$\varphi(p, q, r\ldots),\quad \chi(p, q, r\ldots),$$

deux fonctions réelles de n variables p, q, r.., et par p_0, q_0, r_0...

P, Q, R..., des valeurs particulières de p, q, r... propres à vérifier les équations

$$(163) \begin{cases} x_0 = \varphi(p_0, q_0\ r_0..), & y_0 = \chi(p_0, q_0, r_0..), \\ x_1 = \varphi(P, q_0, r_0..), & y_1 = \chi(P, q_0, r_0..), \\ x_2 = \varphi(P, Q, r_0..), & y_2 = \chi(P, Q, r_0..), \\ \text{etc.} & \text{etc.} \\ X = \varphi(P, Q, R..), & Y = \chi(P, Q, R..). \end{cases}$$

Pour lier par une première courbe le point (x_0, y_0) au point (x_1, y_1), il suffira évidemment d'asujettir les coordonnées x et y à la relation que déterminent les deux équations simultanées

$$(164) \qquad x = \varphi(p, q_0, r_0..), \qquad y = \chi(p, q_0, r_0..).$$

Cette relation étant admise, on obtiendra l'intégrale correspondante à la première courbe, en remplaçant dans la formule (12) la variable t par la variable p, les fonctions $\varphi(t)$, $\chi(t)$ par les fonctions $\varphi(p, q_0, r_0 \cdots)$, $\chi(p, q_0, r_0 \cdots)$, et les limites t_0, T par p_0 et P. En conséquence, l'intégrale correspondante à la première courbe deviendra

$$(165) \int_{p_0}^{P} \frac{d[\varphi(p, q_0, r_0..) + \sqrt{-1}\,\chi(p, q_0, r_0..)]}{dp} f[\varphi(p, q_0, r_0..) + \sqrt{-1}\,\chi(p, q_0, r_0..)]dp.$$

De même, comme il suffit d'assujettir les variables x, y aux équations simultanées

$$(166) \qquad x = \varphi(P, q, r_0, ...), \qquad y = \chi(P, q, r_0, ...),$$

pour qu'elles représentent les coordonnées d'une courbe tracée de manière à lier le point (x_1, y_1) au point (x_2, y_2), l'intégrale relative à cette seconde courbe pourra s'écrire sous la forme

$$(167) \int_{q_0}^{Q} \frac{d\left[\varphi(P,q,r_0..)+\sqrt{-1}\,\chi(P,q,r_0..)\right]}{dq} f\left[\varphi(P,q,r_0..)+\sqrt{-1}\,\chi(P,q,r_0..)\right] dq.$$

En continuant de la même manière, on finira par reconnaître que la somme des intégrales relatives aux différentes courbes peut être réduite à

$$(168) \begin{cases} \int_{p_0}^{P} \dfrac{d\left[\varphi(p,q_0,r_0..)+\sqrt{-1}\,\chi(p,q_0,r_0..)\right]}{dp} f\left[\varphi(p,q_0,r_0..)+\sqrt{-1}\,\chi(p,q_0,r_0..)\right] dp \\[2ex] +\int_{q_0}^{Q} \dfrac{d\left[\varphi(P,q,r_0..)+\sqrt{-1}\,\chi(P,q,r_0..)\right]}{dq} f\left[\varphi(P,q,r_0..)+\sqrt{-1}\,\chi(P,q,r_0..)\right] dq \\[2ex] +\int_{r_0}^{R} \dfrac{d\left[\varphi(P,Q,r..)+\sqrt{-1}\,\chi(P,Q,r..)\right]}{dr} f\left[\varphi(P,Q,r..)+\sqrt{-1}\,\chi(P,Q,r..)\right] dr \\[2ex] + \text{etc.} \end{cases}$$

Ainsi la différence entre deux sommes de cette espèce pourra être facilement déterminée à l'aide des principes établis dans le paragraphe 11.

Si l'on réduit les variables p, q, r, aux deux suivantes p, r, la somme (168) deviendra

$$(169) \begin{cases} \int_{r_0}^{p} \dfrac{d\left[\varphi(p,r_0)+\sqrt{-1}\,\chi(p,r_0)\right]}{dp} f\left[\varphi(p,r_0)+\sqrt{-1}\,\chi(p,r_0)\right] dp \\[2ex] +\int_{r_0}^{R} \dfrac{d\left[\varphi(P,r)+\sqrt{-1}\,\chi(P,r)\right]}{dr} f\left[\varphi(P,r)+\sqrt{-1}\,\chi(P,r)\right] dr. \end{cases}$$

Si, dans cette dernière formule, on échange entre elles les variables p, r, on obtiendra une nouvelle somme qui, étant comparée à la précédente, fournira l'équation

$$(170)\ \left\{\begin{array}{l}\displaystyle\int_{p_.}^{P}\frac{d\,[\varphi(p,r_\circ)+\sqrt{-1}\,\chi(p,r_\circ)]}{dp}\,f[\varphi(p,r_\circ)+\sqrt{-1}\,\chi(p,r_\circ)]\,dp\\[1.2em]\displaystyle+\int_{r_.}^{}\frac{d\,[\varphi(P,r)+\sqrt{-1}\,\chi(P,r)]}{dr}\,f[\varphi(P,r)+\sqrt{-1}\,\chi(P,r)]\,dr\\[1.2em]\displaystyle=\int_{r_.}^{R}\frac{d\,[\varphi(p_\circ,r)+\sqrt{-1}\,\chi(p_\circ,r)]}{dr}\,f[\varphi(p_\circ,r)+\sqrt{-1}\,\chi(p_\circ,r)]\,dr\\[1.2em]\displaystyle+\int_{p_.}^{P}\frac{d\,[\varphi(p,R)+\sqrt{-1}\,\chi(p,R)]}{dp}\,f[\varphi(p,R)+\sqrt{-1}\,\chi(p,R)]\,dp\\[1.2em]+\ \Delta,\end{array}\right.$$

Δ étant composé de termes relatifs à celles des racines de l'équation (19), qui représentent des valeurs particulières de l'expression imaginaire

$$\varphi(p,q)+\sqrt{-1}\,\chi(p,q)$$

correspondantes à des valeurs de p renfermées entre les limites $p_\circ$, P, et à des valeurs de q renfermées entre les limites $q_\circ$, Q. L'équation (170) coïncide avec la formule générale que j'ai donnée dans le 19e cahier du Journal de l'École royale Polytechnique [page 574]. On en déduit immédiatement celles que j'ai rapportées dans les pages 575 et suivantes du même cahier, et dans le Bulletin de la Société Philomatique de 1822. Si l'on fait en particulier

$$f(p,r)=r\,e^{p\sqrt{-1}}=r(\cos p+\sqrt{-1}\,\sin p),$$

l'équation (170) deviendra

$$(171)\quad \int_{r_\circ}^{R}e^{p\sqrt{-1}}f\left(r e^{p\sqrt{-1}}\right).dr+\sqrt{-1}\int_{p_\circ}^{P}r_\circ e^{p\sqrt{-1}}f\left(r_\circ e^{p\sqrt{-1}}\right)dp$$

$$=\int_{r_\circ}^{R}e^{p\sqrt{-1}}f\left(r e^{p\sqrt{-1}}\right)dr+\sqrt{-1}\int_{p_.}^{P}R e^{p\sqrt{-1}}f(R e^{p\sqrt{-1}})dp+\Delta,$$

14

(54)

et l'on aura

$$(172) \qquad \Delta = -2\pi(f_1 + f_2 + \cdots)\sqrt{-1},$$

les termes f_1, f_2… étant relatifs aux racines de l'équation (19) qui peuvent représenter des valeurs de l'expression imaginaire

$$r(\cos p + \sqrt{-1}\sin p)$$

correspondantes à des valeurs de r comprises entre les limites r_0, R, et à des valeurs de p comprises entre les limites p_0, P.

Si, dans l'équation (171), on pose

$$r_0 = 0, \quad R = 1, \quad p_0 = 0, \quad P = \pi,$$

on en tirera

$$(173) \quad \int_0^1 [f(r) + f(-r)]\, dr = -\sqrt{-1}\int_0^\pi e^{p\sqrt{-1}} f(e^{p\sqrt{-1}})\, dp - \Delta,$$

ou, ce qui revient au même,

$$(174) \quad \int_0^\pi e^{p\sqrt{-1}} f(e^{p\sqrt{-1}})\, dp = \sqrt{-1}\int_{-1}^1 f(r)\, dr + \Delta \cdot \sqrt{-1}.$$

Cette dernière formule, que j'ai donnée dans le Bulletin de la Société Philomatique, comprend, comme cas particulier, une équation du même genre que M. Vernier a démontrée à l'aide du développement en série.

Si l'on supposait

$$r_0 = 0, \quad R = 1, \quad p_0 = -\pi, \quad P = \pi,$$

on tirerait des formules (171) et (172)

$$(175) \qquad \int_{-\pi}^\pi e^{p\sqrt{-1}} f(e^{p\sqrt{-1}})\, dp = 2\pi[f_1 + f_2 + \cdots],$$

ou, ce qui revient au même,

$$(176) \quad \int_0^\pi \frac{e^{p\sqrt{-1}} f(e^{p\sqrt{-1}}) + e^{-p\sqrt{-1}} f(e^{-p\sqrt{-1}})}{2} \, dp = \pi \left[f_1 + f_2 + \dots \right]$$

La formule (175) coïncide avec l'équation (17) des additions au dernier des mémoires insérés dans le 19e cahier du journal de l'École Polytechnique. De plus, si l'on désigne par $r_1, r_2 \dots$ celles des racines de l'équation $\frac{1}{f(z)} = 0$, qui ont pour valeur numérique ou pour module un nombre inférieur à l'unité, et si, dans la formule (176), on remplace $f(z)$ par $\frac{f(z)}{z}$, on en conclura

$$(177) \quad \int_0^\pi \frac{f(e^{p\sqrt{-1}}) + f(e^{-p\sqrt{-1}})}{2} \, dp = \pi \left\{ f(0) + \frac{f_1}{z_1} + \frac{f_2}{z_2} + \dots \right\},$$

chacune des constantes $f_1, f_2, \dots$ devant être réduite à moitié toutes les fois que la racine correspondante aura l'unité pour module. Enfin, si dans l'équation précédente on écrit $2p$ au lieu de p, on en tirera

$$(178) \quad \int_0^{\frac{\pi}{2}} \frac{f(e^{2p\sqrt{-1}}) + f(e^{-2p\sqrt{-1}})}{2} \, dp = \frac{\pi}{2} \left\{ f(0) + \frac{f_1}{z_1} + \frac{f_2}{z_2} + \dots \right\}$$

Soit maintenant s une quantité positive ; et $f(x)$ une fonction de x, choisie de telle manière que l'expression

$$f(re^{p\sqrt{-1}})$$

reste finie et continue entre les limites $r = 0$, $r = 1$; $p = -\pi$, $p = \pi$. Si l'on pose successivement

$$f'(x) = \left(\frac{1}{1-sx} - \frac{1}{1-\frac{s}{x}}\right)f(x), \quad f(x) = \left(\frac{1}{1-sx} + \frac{1}{1-\frac{s}{x}}\right)f(x),$$

on tirera de l'équation (178)

1° pour $s < 1$,

$$(179)\quad\begin{cases}\displaystyle\int_0^{\frac{\pi}{2}} \frac{s\sin 2p}{1-2s\cos 2p+s^2}\cdot\frac{f(e^{2p\sqrt{-1}})-f(e^{-2p\sqrt{-1}})}{2\sqrt{-1}}\,dp = \frac{\pi}{4}[f(s)-f(0)],\\[3ex] \displaystyle\int_0^{\frac{\pi}{2}} \frac{1-s\cos 2p}{1-2s\cos 2p+s^2}\cdot\frac{f(e^{2p\sqrt{-1}})+f(e^{-2p\sqrt{-1}})}{2}\,dp = \frac{\pi}{4}[f(s)+f(0)];\end{cases}$$

2° pour $s > 1$,

$$(180)\quad\begin{cases}\displaystyle\int_0^{\frac{\pi}{2}} \frac{s\sin 2p}{1-2s\cos 2p+s^2}\cdot\frac{f(e^{2p\sqrt{-1}})-f(e^{-2p\sqrt{-1}})}{2\sqrt{-1}}\,dp = \frac{\pi}{4}\left[f\left(\tfrac{1}{s}\right)-f(0)\right],\\[3ex] \displaystyle\int \frac{1-s\cos 2p}{1-2s\cos 2p+s^2}\cdot\frac{f(e^{2p\sqrt{-1}})+f(e^{-2p\sqrt{-1}})}{2}\,dp = \frac{\pi}{4}\left[f(0)-f\left(\tfrac{1}{s}\right)\right].\end{cases}$$

On trouverait, au contraire, en réduisant s à l'unité, et la première des intégrales (179) ou (180) à sa valeur principale,

$$(181)\quad\begin{cases}\displaystyle\int_0^{\frac{\pi}{2}} \frac{\sin 2p}{1-\cos 2p}\cdot\frac{f(e^{2p\sqrt{-1}})-f(e^{-2p\sqrt{-1}})}{2\sqrt{-1}}\,dp = \frac{\pi}{2}\left[f(1)-f(0)\right],\\[3ex] \displaystyle\int_0^{\frac{\pi}{2}} \frac{f(e^{2p\sqrt{-1}})+f(e^{-2p\sqrt{-1}})}{2}\,dp = \frac{\pi}{2}f(0).\end{cases}$$

Les équations (179), (180), (181) peuvent être déduites directement du théorème de M. Parseval sur la sommation des séries. Elles s'accordent avec une formule donnée par M. Guillaume Libri dans le tome 28 des Mémoires de l'Académie des Sciences de Turin, et avec celles que nous avons insérées, M. Poisson et moi, dans le Bulletin de la Société Philomatique de 1822. Si l'on remplace dans ces équations la lettre s par la lettre r, et si l'on y pose successivement

$$f(x) = l(1+x), \quad f(x) = \left(\frac{1-x}{1+x}\right)^a, \quad f(x) = l\left(\frac{1+x}{2}\right)$$

$$f(x) = l\left(\frac{1-x}{2}\right), \quad f(x) = l\left(\frac{1-x}{1+x}\right), \text{ etc...,}$$

on retrouvera précisément les formules de la page 39.

§. 17. Jusqu'à présent, nous n'avons considéré que des intégrales simples. Mais les principes que nous avons établis sont également applicables à la détermination et à la transformation des intégrales doubles ou multiples, prises entre des limites réelles ou imaginaires. Nous ne nous étendrons pas ici sur cet objet, que nous nous proposons de développer une autre fois, et nous terminerons le présent mémoire en indiquant l'usage de quelques-unes des formules que nous avons obtenues dans le problème relatif à la propagation des ondes.

§. 18. Concevons qu'un liquide pesant soit renfermé dans un canal très étroit, et que l'on prenne pour axe des x la droite horizontale qui marque dans ce canal le niveau naturel auquel le liquide s'élève. Supposons de plus que t désigne le temps, et qu'à l'instant où l'on compte $t=0$, on fasse naître le mouvement, en altérant le niveau, de manière que l'ordonnée verticale correspondante a l'abcisse x devienne

$$(182) \qquad y = F(x).$$

On prouvera sans peine qu'au bout d'un temps quelconque t,

15

la même ordonnée sera déterminée par l'équation

$$(183) \quad y = \frac{1}{\pi} \int_{-\infty}^{\infty} \int_{0}^{\infty} \cos\left(\mu^{\frac{1}{2}} g^{\frac{1}{2}} t\right) . \cos \mu (x - \varpi) . F(\varpi) \, d\mu \, d\varpi$$

[voyez le Recueil des Mémoires couronnés par l'Institut, concours de 1815, page 311]. Si, dans la formule précédente, on pose

$$\mu = \frac{\alpha^2}{\left[(x - \varpi)^2\right]^{\frac{1}{2}}},$$

et, si l'on fait, pour abréger,

$$\frac{\frac{1}{2} g t^2}{\left[(x - \varpi)^2\right]^{\frac{1}{2}}} = P,$$

on trouvera

$$(184) \quad y = \frac{2}{\pi} \int_{-\infty}^{\infty} \int_{0}^{\infty} \alpha . \cos\left(2^{\frac{1}{2}} P^{\frac{1}{2}} \alpha\right) . \cos \alpha^2 . F(\varpi) \frac{d\alpha \, d\varpi}{\left[(x - \varpi)^2\right]^{\frac{1}{2}}}.$$

Pour calculer cette dernière valeur de y, il faut d'abord déterminer, au moins par approximation, l'intégrale

$$(185) \quad \int_{0}^{\infty} \alpha . \cos\left(2^{\frac{1}{2}} P^{\frac{1}{2}} \alpha\right) . \cos \alpha^2 . d\alpha.$$

On y parviendrait facilement, si la quantité P devait toujours conserver une très petite valeur numérique. Alors il suffirait de développer cette intégrale en une série ordonnée suivant les puissances ascendantes de P, et de réduire la série obtenue, savoir,

$$(186) \quad \frac{2P}{2} - \frac{(2P)^3}{4.5.6} + \frac{(2P)^5}{6.7.8.9.10} - \text{etc....}$$

[voyez la page 132 du Mémoire sur la Théorie des ondes, inséré

dans le recueil déjà cité] à un petit nombre de termes, en né-
gligeant les autres. Mais, comme, pour des valeurs croissantes
de t, P croît au-delà de toute limite, ainsi que les différents
termes de la série, le moyen dont nous venons de parler est le
plus souvent impraticable, et l'on ne peut s'en servir généralement, ni pour déterminer la valeur approchée de l'intégrale
(185), ni même pour trouver des limites entre lesquelles cette
intégrale demeure comprise. Heureusement l'équation (94) per-
met de transformer l'intégrale dont il s'agit en une autre dont
le calcul ne présente pas les mêmes difficultés. En effet, si l'on
pose dans cette équation

$$f(x) = x\, e^{x^2\sqrt{-1}}\, e^{ax\sqrt{-1}},$$

Δ s'évanouira ; puis, en écrivant dans les deux membres la lettre α au lieu de x et de y, on trouvera

$$\int_0^\infty \alpha e^{\alpha^2\sqrt{-1}} e^{a\alpha\sqrt{-1}}\, d\alpha = - \int_0^\infty \alpha e^{-\alpha^2\sqrt{-1}} e^{-a\alpha}\, d\alpha.$$

et par suite

$$(187)\quad \int_0^\infty \alpha\cos\alpha^2.\cos a\alpha.d\alpha = \int_0^\infty \alpha\sin\alpha^2.\sin a\alpha.d\alpha - \int_0^\infty \alpha\cos\alpha^2.e^{-a\alpha}\, d\alpha,$$

$$(188)\quad \int_0^\infty \alpha\sin\alpha^2.\cos a\alpha.d\alpha = -\int_0^\infty \alpha\cos\alpha^2.\sin a\alpha.d\alpha + \int_0^\infty \alpha\sin\alpha^2.e^{-a\alpha}\, d\alpha.$$

D'ailleurs on tire de l'équation (161), en y posant $f(x)=e^{-x^2}$,
$\theta = -\dfrac{\pi}{4}$,

$$\int_0^\infty e^{x^2\sqrt{-1}}\, dx = \frac{1+\sqrt{-1}}{\sqrt{2}} \int_0^\infty e^{-x^2}\, dx = \frac{1+\sqrt{-1}}{\sqrt{2}}\, \frac{\pi^{\frac{1}{2}}}{2}.$$

On aura, en conséquence,

$$(189)\quad \int_{-\infty}^\infty e^{x^2\sqrt{-1}}\, dx = \frac{1+\sqrt{-1}}{\sqrt{2}}\, \pi^{\frac{1}{2}};$$

puis, en faisant $x = \alpha + \dfrac{a}{2}$, on en conclura

$$(190) \quad \int_{-\infty}^{\infty} e^{(\alpha^2 + a\alpha)\sqrt{-1}}\, d\alpha = \frac{1+\sqrt{-1}}{\sqrt{2}}\, \pi^{\frac{1}{2}}\, e^{-\frac{a^2}{4}\sqrt{-1}} = 2\int_0^{\infty} e^{\alpha^2\sqrt{-1}} \cos a\alpha \, d\alpha.$$

Si maintenant on différentie par rapport à la quantité a, l'on aura

$$(191) \quad \int_0^{\infty} \alpha e^{\alpha^2\sqrt{-1}} \sin a\alpha \, d\alpha = -\frac{1-\sqrt{-1}}{4\sqrt{1}}\, \pi^{\frac{1}{2}}\, a\, e^{-\frac{a^2}{4}\sqrt{-1}},$$

ou, ce qui revient au même,

$$(192) \quad \begin{cases} \displaystyle\int_0^{\infty} \alpha \cos\alpha^2 . \sin a\alpha \, d\alpha = -\frac{\pi^{\frac{1}{2}} a}{4\sqrt{2}}\left(\cos\frac{a^2}{4} - \sin\frac{a^2}{4}\right), \quad \text{et} \\[3ex] \displaystyle\int_0^{\infty} \alpha \sin\alpha^2 . \sin a\alpha \, d\alpha = \quad \frac{\pi^{\frac{1}{2}} a}{4\sqrt{2}}\left(\cos\frac{a^2}{4} + \sin\frac{a^2}{4}\right). \end{cases}$$

Cela posé, les formules (187), (188) deviendront

$$(193) \quad \int_0^{\infty} \alpha \cos\alpha^2 . \cos a\alpha \, d\alpha = \frac{\pi^{\frac{1}{2}} a}{4\sqrt{2}}\left(\cos\frac{a^2}{4} + \sin\frac{a^2}{4}\right) - \int_0^{\infty} \alpha \cos\alpha^2 . e^{-a\alpha}\, d\alpha,$$

$$(194) \quad \int_0^{\infty} \alpha \sin\alpha^2 . \cos a\alpha \, d\alpha = \frac{\pi^{\frac{1}{2}} a}{4\sqrt{2}}\left(\cos\frac{a^2}{4} - \sin\frac{a^2}{4}\right) + \int_0^{\infty} \alpha \sin\alpha^2 . e^{-a\alpha}\, d\alpha,$$

et la première donnera

$$(195) \quad \int_0^{\infty} \alpha \cos\left(2^{\frac{1}{2}} P^{\frac{1}{2}}\alpha\right).\cos\alpha^2 \, d\alpha = \frac{\pi^{\frac{1}{2}} P^{\frac{1}{2}}}{4}\left(\cos\frac{P}{2} + \sin\frac{P}{2}\right)$$

$$- \int_0^{\infty} \alpha e^{-2^{\frac{1}{2}} P^{\frac{1}{2}}\alpha} \cos\alpha^2 \, d\alpha.$$

(61)

Il est aisé de s'assurer que l'intégrale comprise dans le second membre de l'équation précédente est sensiblement nulle, pour de grandes valeurs de P, et que, dans tous les cas, sa valeur numérique est inférieure à celle de l'intégrale

$$(196) \qquad \int_0^\infty \alpha\, e^{-2^{\frac{1}{2}} P^{\frac{1}{2}} \alpha}\, d\alpha = \frac{1}{2P}.$$

Ajoutons qu'il suffit de remplacer α par $\mu^{\frac{1}{2}}$ pour faire coïncider la formule (195) avec l'équation (7) de la page 180 du mémoire sur la Théorie des ondes.

———

ADDITION.

Nous avons remarqué [page 35] que les formules (103), (104) fournissent les valeurs de presque toutes les intégrales définies connues, et d'un grand nombre d'autres. Nous allons indiquer ici quelques applications de ces mêmes formules.

Si l'on désigne par a et r des quantités positives, par m un nombre entier, et par $f(x)$ une fonction telle que l'expression $f(x + y\sqrt{-1})$ ne devienne point infinie pour des valeurs positives de y, on tirera de la formule (103)

$$(1)\ \int_{-\infty}^{\infty} \frac{f(x)\,dx}{r - x\sqrt{-1}} = 0, \qquad (2)\ \int_{-\infty}^{\infty} \frac{f(x)\,dx}{r + x\sqrt{-1}} = 2\pi f(r\sqrt{-1}),$$

$$(3)\ \int_{-\infty}^{\infty} \frac{f(x)\,dx}{(r - x\sqrt{-1})^m} = 0, \qquad (4)\ \int_{-\infty}^{\infty} \frac{f(x)\,dx}{(r + x\sqrt{-1})^m} = (-1)^{m-1} \frac{2\pi}{\Gamma(m)} f^{(m-1)}(r\sqrt{-1}),$$

16

$$(5) \begin{cases} \displaystyle\int_{-\infty}^{\infty} \frac{f(x)}{l(r-x\sqrt{-1})}\, dx = -\,2\pi\, f\big[(1-r)\sqrt{-1}\big]\,,\; \dots\dots \text{pour } r<1, \\[2ex] \displaystyle\int_{-\infty}^{\infty} \frac{f(x)}{l(1-x\sqrt{-1})}\, dx = -\,\pi\, f(0), \\[2ex] \displaystyle\int_{-\infty}^{\infty} \frac{f(x)}{l(r-x\sqrt{-1})}\, dx = 0\,,\; \dots\dots\dots \text{pour } r>1, \end{cases}$$

et de la formule (104),

$$(6)\ \int_{0}^{\infty} \frac{f(x)-f(-x)}{2\sqrt{-1}}\,\frac{dx}{x} = \frac{\pi}{2}\,f(0),\quad (7)\ \int_{0}^{\infty}\left\{\frac{f(x)}{r+x}+\frac{f(-x)}{r-x}\right\} dx = \pi\, f(-r).\sqrt{-1}.$$

$$(8)\ \int_{0}^{\infty} \frac{f(x)+f(-x)}{2}\,\frac{r\,dx}{x^2+r^2} = \int_{0}^{\infty} \frac{f(x)-f(-x)}{2\sqrt{-1}}\,\frac{x\,dx}{x^2+r^2} = \frac{\pi}{2}\, f(r\sqrt{-1}),$$

$$(9)\ \begin{cases} \displaystyle\int_{0}^{\infty} \frac{f(x)+f(-x)}{2}\,\frac{r\,dx}{x^2-r^2} = \frac{\pi}{4}\big[f(r)-f(-r)\big]\sqrt{-1}, \\[2ex] \displaystyle\int_{0}^{\infty} \frac{f(x)-f(-x)}{2\sqrt{-1}}\,\frac{x\,dx}{x^2-r^2} = \frac{\pi}{4}\big[f(r)+f(-r)\big], \end{cases}$$

$$(10)\ \int_{0}^{\infty} \frac{f(x)-f(-x)}{2\sqrt{-1}}\cdot\frac{r^2\,dx}{x(x^2+r^2)} = \frac{\pi}{2}\big[f(0)-f(r\sqrt{-1})\big],$$

$$(11)\ \int_{0}^{\infty}\left\{\frac{f(x)}{l(x)-\frac{\pi}{2}\sqrt{-1}}+\frac{f(-x)}{l(x)+\frac{\pi}{2}\sqrt{-1}}\right\} dx = -\,2\pi\, f(\sqrt{-1})\,,\ \text{etc...}$$

Si, dans l'équation (7), on pose $r=1$, $f(x)=(-x\sqrt{-1})^{a-1}$, on trouvera

$$(-\sqrt{-1})^{a-1}\int_{0}^{\infty} x^{a-1}\,\frac{dx}{1+x} + (\sqrt{-1})^{a-1}\int_{0}^{\infty} x^{a-1}\,\frac{dx}{1-x} = \pi\,(\sqrt{-1})^{a},$$

puis, en multipliant les deux membres par $(-\sqrt{-1})^{a}$, et ayant égard à l'équation

$$(-\sqrt{-1})^{2a-1} = (\cos \tfrac{\pi}{2} - \sqrt{-1} \sin \tfrac{\pi}{2})^{2a-1} = \sin a\pi + \sqrt{-1} \cos a\pi,$$

on aura

$$(\sin a\pi + \sqrt{-1} \cos a\pi) \int_0^\infty x^{a-1} \frac{dx}{1+x} - \sqrt{-1} \int_0^\infty x^{a-1} \frac{dx}{1-x} = \pi,$$

et par suite

$$(12) \qquad \int_0^\infty x^{a-1} \frac{dx}{1+x} = \frac{\pi}{\sin a\pi},$$

$$(13) \qquad \int_0^\infty x^{a-1} \frac{dx}{1-x} = \cos a\pi \int_0^\infty x^{a-1} \frac{dx}{1+x} = \frac{\pi}{\tan g \, a\pi}.$$

La formule (12) a été donnée par Euler. La formule (13) a pour premier membre une intégrale définie dont la valeur générale est indéterminée. Mais, dans le cas présent, cette intégrale doit être réduite à sa valeur principale, que l'on peut transformer de manière à faire coïncider l'équation (12) avec une autre équation établie par l'illustre géomètre qu'on vient de citer. Si dans les formules (8) et (9) on pose $f(x) = e^{ax\sqrt{-1}}$, on obtiendra les suivantes :

$$(14) \qquad \int_0^\infty \frac{r \cos ax}{x^2 + r^2} \, dx = \int_0^\infty \frac{x \sin ax}{x^2 + r^2} \, dx = \frac{\pi}{2} e^{-ar},$$

$$(15) \qquad \int_0^\infty \frac{r \cos ax}{x^2 - r^2} \, dx = -\frac{\pi}{2} \sin ar, \quad \int_0^\infty \frac{x \sin ax}{x^2 - r^2} \, dx = \frac{\pi}{2} \cos ar.$$

La formule (14) a été donnée par M. Laplace. On en tire, en réduisant r à zéro, l'équation

$$(16) \qquad \int_0^\infty \frac{\sin ax}{x} \, dx = \frac{\pi}{2}$$

qui est elle-même un cas particulier de la formule (6). Les formules (15), données pour la première fois par M. Bidone, géomètre italien, sont de la même nature que la formule (13), et fournissent les valeurs principales des intégrales qu'elles renferment. Mais il est facile de transformer ces valeurs principales en intégrales définies, dans lesquelles la fonction sous le signe $\int$ cesse de devenir infiniment grande pour des valeurs particulières de la variable. Ainsi, par exemple, en posant $r = 1$, on tire de la première des équations (15)

$$(17)\quad \int_0^\infty \frac{\cos ax}{1 - x^2}\, dx = 2\int_0^1 \sin\frac{a}{2}\left(x + \frac{1}{x}\right)\sin\frac{a}{2}\left(x - \frac{1}{x}\right)\frac{dx}{x^2 - 1} = \frac{\pi}{2}\sin a.$$

Si dans les formules (5) et (11) on pose $\;f(x) = \frac{1}{x}\left(1 - e^{ax\sqrt{-1}}\right)$, a désignant toujours une constante positive, on trouvera

$$(18)\begin{cases} \displaystyle\int_{-\infty}^{\infty} \frac{1 - e^{ax\sqrt{-1}}}{l(r - x\sqrt{-1})}\frac{dx}{x} = \frac{2\pi\sqrt{-1}}{1 - r}\left[1 - e^{-a(1 - r)}\right], \;\ldots\ldots\; \text{pour } r < 1, \\[2em] \displaystyle\int_{-\infty}^{\infty} \frac{1 - e^{ax\sqrt{-1}}}{l(1 - x\sqrt{-1})}\frac{dx}{x} = \pi a\sqrt{-1}, \\[2em] \displaystyle\int_{-\infty}^{\infty} \frac{1 - e^{ax\sqrt{-1}}}{l(r - x\sqrt{-1})}\frac{dx}{x} = 0, \ldots\ldots\ldots\ldots\ldots\ldots\ldots\ldots\; \text{pour } r > 1, \end{cases}$$

et

$$(19)\quad \int_0^\infty \frac{\frac{\pi}{2}(1 - \cos ax) - \sin ax\,.\,l(x)}{\left(\frac{\pi}{2}\right)^2 + [l(x)]^2}\frac{dx}{x} = \pi(1 - e^{-a}).$$

On tirera encore des formules (1), (2), (6), (8) et (9), en désignant par a, b, r, s, des quantités positives,

$$(20)\quad \int_{-\infty}^{\infty} (-x\sqrt{-1})^{a-1}\, e^{bx\sqrt{-1}}\, l\left(1 + \frac{s}{x}\sqrt{-1}\right)\frac{dx}{r - x\sqrt{-1}} = 0,$$

$$(21) \quad \begin{cases} \displaystyle\int_{-\infty}^{\infty} \left(-x\sqrt{-1}\right)^{a-1} e^{bx\sqrt{-1}} \, l\left(1+\frac{s}{x}\sqrt{-1}\right) \frac{dx}{r+x\sqrt{-1}} \\[2ex] = 2\pi\, r^{a-1} e^{-br} l\left(1+\frac{s}{r}\right), \end{cases}$$

$$(22) \quad \int_{0}^{\infty} x^{a-1} \sin\left(\frac{a\pi}{2}-bx\right) \frac{r\,dx}{x^2+r^2} = \frac{\pi}{2} r^{a-1} e^{-br},$$

$$(23) \quad \int_{0}^{\infty} x^{a-1} \sin\left(\frac{a\pi}{2}-bx\right) \frac{r\,dx}{x^2-r^2} = \frac{\pi}{2} r^{a-1} \cos\left(\frac{a\pi}{2}-br\right),$$

$$(24) \quad \int_{0}^{\infty} e^{a\cos bx} \sin(a\sin bx) \frac{dx}{x} = \frac{\pi}{2} e^{a},$$

$$(25) \quad \int_{0}^{\infty} e^{a\cos bx} \cos(a\sin bx) \frac{r\,dx}{x^2+r^2} = \int_{0}^{\infty} e^{a\cos bx} \sin(a\sin bx) \frac{x\,dx}{x^2+r}$$

$$= \frac{\pi}{2} e^{a e^{-br}},$$

$$(26) \quad \int_{0}^{\infty} x^{a-1} e^{\cos bx} \sin\left(\frac{a\pi}{2}-\sin bx\right) \frac{r\,dx}{x^2+r^2} = \frac{\pi}{2} r^{a-1} e^{e^{-br}};$$

Si, dans les formules (20) et (21), on pose $a=1$, $b=0$, on en conclura

$$(27) \quad \begin{cases} \displaystyle\int_{-\infty}^{\infty} l\left(1+\frac{s}{x}\sqrt{-1}\right) \frac{dx}{r-x\sqrt{-1}} = 0, \\[2ex] \displaystyle\int_{-\infty}^{\infty} l\left(1+\frac{s}{x}\sqrt{-1}\right) \frac{dx}{r+x\sqrt{-1}} = 2\pi\, l\left(1+\frac{s}{r}\right), \end{cases}$$

et par suite

$$(28) \quad \int_{0}^{\infty} l\left(1+\frac{s^2}{x^2}\right) \frac{r\,dx}{x^2+r^2} = \pi\, l\left(1+\frac{s}{r}\right), \quad \int_{0}^{\infty} \text{arc tang}\,\frac{s}{x}\cdot\frac{x\,dx}{x^2+r^2} = \frac{\pi}{2} l\left(1+\frac{s}{r}\right),$$

puis, en différentiant $n-1$ fois par rapport à r,

$$(29) \begin{cases} \displaystyle\int_0^\infty \frac{(r-x\sqrt{-1})^{-n}+(r+x\sqrt{-1})^{-n}}{2}\, l\left(1+\frac{s^2}{x^2}\right) dx = \frac{\pi}{n-1}\left\{\left(\frac{1}{r}\right)^n-\left(\frac{1}{r+s}\right)^n\right\}, \\[2em] \displaystyle\int_0^\infty \frac{(r-x\sqrt{-1})^{-n}-(r+x\sqrt{-1})^{-n}}{2\sqrt{-1}}\, \mathrm{arc\,tang}\,\frac{s}{x}\, dx = \frac{\pi}{2(n-1)}\left\{\left(\frac{1}{r}\right)^n-\left(\frac{1}{r+s}\right)^n\right\}. \end{cases}$$

De plus, si dans les équations (9) on remplace $f(x)$ par $l\left(1+\frac{s}{x}\sqrt{-1}\right)$, on en tirera

$$(30)\ \int_0^\infty l\left(1+\frac{s^2}{x^2}\right)\frac{r\,dx}{x^2-r^2} = -\pi\,\mathrm{arc\,tang}\,\frac{s}{r}, \quad \int_0^\infty \mathrm{arc\,tang}\,\frac{s}{x}\cdot\frac{x\,dx}{x^2-r^2} = \frac{\pi}{4}\,l\left(1+\frac{s^2}{r^2}\right),$$

etc.....

Ajoutons que, si l'on pose $r=1$ et $s=1$, dans la seconde des formules (29), on en déduira sans peine celles qui suivent :

$$(31)\quad \int_0^\infty (\mathrm{arc\,cot}\,x)^2\, dx = 2\int_0^\infty \mathrm{arc\,cot}\,x\, \frac{x\,dx}{x^2+1} = \pi\, l(2),$$

$$(32)\quad \int_0^1 \frac{x\,\mathrm{arc\,tang}\,\frac{1}{x}-\frac{1}{x}\,\mathrm{arc\,tang}\,x}{x-\frac{1}{x}}\, dx = \frac{\pi}{4}\, l(2).$$

Il peut arriver, en vertu de ce qui a été dit (page 36), que les formules (1), (2), etc., subsistent dans certains cas où la fonction $f(x+y\sqrt{-1})$ deviendrait infinie pour des valeurs positives de y. C'est ce qui aura lieu en particulier pour les formules (8) et (9), si, a étant $<b$, $f(x)$ se réduit au quotient de $\sin ax$ ou $\cos ax$ par $\sin bx$ ou $\cos bx$. Alors on trouvera

$$(33) \begin{cases} \displaystyle\int_0^\infty \frac{\cos ax}{\cos bx}\,\frac{r\,dx}{x^2+r^2} = \frac{\pi}{2}\,\frac{e^{ar}+e^{-ar}}{e^{br}+e^{-br}}, \quad \int_0^\infty \frac{\sin ax}{\sin bx}\,\frac{x\,dx}{x^2+r^2} = \frac{\pi}{2}\,\frac{e^{ar}-e^{-ar}}{e^{br}-e^{-br}}, \\[2em] \displaystyle\int_0^\infty \frac{\cos ax}{\sin bx}\,\frac{x\,dx}{x^2+r^2} = \frac{\pi}{2}\,\frac{e^{ar}+e^{-ar}}{e^{br}-e^{-br}}, \quad \int_0^\infty \frac{\sin ax}{\cos bx}\,\frac{x\,dx}{x^2+r^2} = -\frac{\pi}{2}\,\frac{e^{ar}-e^{-ar}}{e^{br}+e^{-br}}. \end{cases}$$

Ces dernières formules, que j'avais données dans le mémoire de 1814, en y remplaçant x par l'unité, ont été citées par M. Legendre dans le rapport fait sur ce mémoire, et dans la 5ᵉ partie des exercices de calcul intégral.

On pourrait, aux exemples qui précèdent, en ajouter une infinité d'autres. Je me contenterai d'en indiquer quelques-uns. Si l'on représente, comme ci-dessus, par a, b, r, s, des quantités positives ; si, de plus, on désigne par θ un arc renfermé entre les limites 0, π, et par $\varphi(x)$ une fonction rationnelle de la variable x ; on déduira sans peine de la formule (103) les valeurs des intégrales

$$\int_{-\infty}^{\infty}(-x\sqrt{-1})^{a-1}\varphi(x)\,dx,\quad \int_{-\infty}^{\infty}e^{bx\sqrt{-1}}\varphi(x)\,dx,\quad \int_{-\infty}^{\infty}l\left(1+\tfrac{s}{x}\sqrt{-1}\right)\cdot\varphi(x)\,dx,$$

$$\int_{-\infty}^{\infty}l\left(1-rx\sqrt{-1}\right)\cdot\varphi(x)\,dx,\quad \int_{-\infty}^{\infty}l\left[r\sin\theta+(r\cos\theta-x)\sqrt{-1}\right]\cdot\varphi(x)\,dx,$$

$$\int_{-\infty}^{\infty}(-x\sqrt{-1})^{a-1}e^{bx\sqrt{-1}}\varphi(x)\,dx,\quad \int_{-\infty}^{\infty}(-x\sqrt{-1})^{a-1}l\left(1+\tfrac{s}{x}\sqrt{-1}\right)\cdot\varphi(x)\,dx,$$

$$\int_{-\infty}^{\infty}\frac{(-x\sqrt{-1})^{a-1}}{l\left(r-x\sqrt{-1}\right)}\varphi(x)\,dx,\quad \int_{-\infty}^{\infty}\frac{(-x\sqrt{-1})^{a-1}}{l\left(r-x\sqrt{-1}\right)}e^{bx\sqrt{-1}}\,l\left(1+\tfrac{s}{x}\sqrt{-1}\right)\cdot\varphi(x)\,dx,$$

$$\int_{-\infty}^{\infty}e^{ae^{bx\sqrt{-1}}}\varphi(x)\,dx,\quad \int_{-\infty}^{\infty}(-x\sqrt{-1})^{a-1}e^{ae^{bx\sqrt{-1}}}\varphi(x)\,dx,$$

$$\int_{-\infty}^{\infty}l\left(1+re^{bx\sqrt{-1}}\right)\varphi(x)\,dx,\quad \int_{-\infty}^{\infty}e^{bx\sqrt{-1}}l\left(1+re^{bx\sqrt{-1}}\right)\varphi(x)\,dx,$$

$$\int_{-\infty}^{\infty}\frac{\cos ax}{\cos bx}\varphi(x)\,dx,\quad \int_{-\infty}^{\infty}\frac{\sin ax}{\sin bx}\varphi(x)\,dx,\quad \int_{-\infty}^{\infty}\frac{\cos ax}{\sin ax}\varphi(x)\,dx,\quad \text{etc.}$$

et par suite les valeurs des intégrales

$$\int_{-\infty}^{\infty}x^{a-1}\varphi(x)\,dx,\quad \int_{-\infty}^{\infty}\cos bx\cdot\varphi(x)\,dx,\quad \int_{-\infty}^{\infty}\sin bx\cdot\varphi(x)\,dx,$$

$$\int_{-\infty}^{\infty} \operatorname{arc\,tang} \tfrac{s}{x} \cdot \varphi(x)\, dx\,, \qquad \int_{-\infty}^{\infty} \operatorname{arc\,cot} x \cdot \varphi(x)\, dx\,.$$

$$\int_{-\infty}^{\infty} l\,(r^2 - 2rx\cos\theta + x^2)\cdot \varphi(x)\, dx\,, \qquad \int_{-\infty}^{\infty} \operatorname{arc\,tang} \frac{r\cos\theta - x}{r\sin\theta}\, \varphi(x)\, dx\,,$$

$$\int_{-\infty}^{\infty} e^{a\cos bx} \cos(a\sin bx)\, \varphi(x)\, dx\,, \qquad \int_{-\infty}^{\infty} e^{a\cos bx} \sin(a\sin bx)\, \varphi(x)\, dx\,,$$

$$\int_{-\infty}^{\infty} l\,(1 + 2r\cos bx + r^2)\cdot \varphi(x)\, dx\,, \int_{-\infty}^{\infty} \operatorname{arc\,tang} \frac{r\sin bx}{1 + r\cos bx}\cdot \varphi(x)\, dx\,,$$

$$\int_{0}^{\infty} x^{a-1} \sin\left(\frac{a\pi}{2} - bx\right) \frac{\varphi(x) + \varphi(-x)}{2}\, dx\,, \int_{0}^{\infty} \frac{l\,(x)}{\left(\tfrac{\pi}{2}\right)^2 + [l\,(x)]^2}\, \frac{\varphi(x) + \varphi(-x)}{2}\, dx\,,$$

etc....

Nous observerons, en finissant, que les constantes renfermées dans quelques-unes des intégrales ci-dessus déterminées doivent être resserrées entre des limites telles que les valeurs de ces intégrales restent finies. Ainsi, en particulier, on reconnaîtra sans peine que la constante a doit rester comprise entre les limites o et 1, dans les formules (12) et (13), et entre les limites o, 2, dans les formules (22), (23), (26). Ajoutons que, dans plusieurs formules, on pourra remplacer des constantes supposées réelles par des constantes imaginaires: Par exemple, la constante a peut devenir imaginaire dans les formules (12), (13), (22), (23), (26). Seulement la partie réelle de a doit alors être renfermée entre les limites que nous venons d'indiquer.

IMPRIMERIE D'HIPPOLYTE TILLIARD,
rue de la Harpe, n° 78.

ERRATA.

Pages.	Lignes.	Fautes.	Corrections.
4	8	$\chi(t)$	$\chi(T)$
Ibid.	19	$x_1 - x_2$	$x_2 - x_1$
Ibid.	26	t_{n-i}	t_{n-1}
19	24	$f(z$	$f(z)$
29	9	$\pi^{\frac{=}{2}}$	$\pi^{\frac{1}{4}}$
38	12	(13)	(113)
43	7	$f(x)$	$f(x)$
46	5	(150)	(151)
53	dernière	$e^{p\sqrt{-1}}$	$e^{p_0\sqrt{-1}}$
56	7	$e^{-2p\sqrt{-1}}$	$e^{-2p\sqrt{-1}}$
59	15	$e^{-a\iota}$	$e^{-a\alpha}$
65	4	$\dfrac{rdx}{x'-r'}$	$\dfrac{rdx}{r^2-x'}$

www.ingramcontent.com/pod-product-compliance
Lightning Source LLC
LaVergne TN
LVHW010944210726
843510LV00013B/135

9782329696683